趣味科学系列

ENTERTAINING ASTRONOMY

〔俄〕雅科夫·伊西达洛维奇·别莱利曼／著　赵丽慧／译

北京理工大学出版社

BEIJING INSTITUTE OF TECHNOLOGY PRESS

版权专有 侵权必究

图书在版编目（CIP）数据

趣味天文学 /（俄罗斯）雅科夫·伊西达洛维奇·别莱
利曼著；赵丽慧译. — 北京：北京理工大学出版社，2020.9
（趣味科学系列）
ISBN 978-7-5682-8703-6

Ⅰ. ①趣… Ⅱ. ①雅… ②赵… Ⅲ. ①天文学—青少
年读物 Ⅳ. ①P1-49

中国版本图书馆CIP数据核字（2020）第124239号

出版发行 / 北京理工大学出版社有限责任公司
社　　址 / 北京市海淀区中关村南大街 5 号
邮　　编 / 100081
电　　话 / （010）68914775（总编室）
　　　　　　（010）82562903（教材售后服务热线）
　　　　　　（010）68948351（其他图书服务热线）
网　　址 / http://www.bitpress.com.cn
经　　销 / 全国各地新华书店
印　　刷 / 大厂回族自治县德诚印务有限公司
开　　本 / 710 毫米 × 1000 毫米　　　1/16
印　　张 / 14.25　　　　　　　　　　　责任编辑/徐艳君
字　　数 / 180千字　　　　　　　　　　文案编辑/徐艳君
版　　次 / 2020年9月第1版　2020年9月第1次印刷　责任校对/刘亚男
定　　价 / 46.00元　　　　　　　　　　责任印制/施胜娟

图书出现印装质量问题，请拨打售后服务热线，本社负责调换

前言

雅科夫·伊西达洛维奇·别莱利曼（1882—1942年），俄国科普作家，趣味科学的奠基人。他没有什么重要的科学发现，也没有"科学家""学者"之类的荣誉称号，却为科普事业付出了自己的一生；他没有以"作家"的身份自居，却不比任何一位成功的作家逊色。

别莱利曼出生于俄国的格罗德省别洛斯托克市，17岁时在报刊上发表了第一篇处女作。1909年，他毕业于圣彼得堡林学院，开始从事教学与科普作品创作，并于1913—1916年间完成《趣味物理学》，为创作趣味科学系列图书打下了坚实的基础。

1919—1923年，别莱利曼亲手创办苏联科普杂志《在大自然的实验室里》，担任该杂志的主编。1925—1932年，他担任时代出版社理事，随后组织出版了一系列趣味科普图书。1935年，他创办和主持了列宁格勒（现称圣彼得堡）"趣味科学之家"博物馆，组织了许多少年科普活动。

在反法西斯侵略的卫国战争中，别莱利曼为苏联军人举办了军事科普讲座——几十年的科普生涯结束之后，他将自己最后的力量奉献给挚爱的科普事业。在德国法西斯侵略军围困列宁格勒期间，即1942年3月16日，这位对世界科普事业做出巨大贡献的趣味科学大师不幸辞世。

1959年发射的无人月球探测器"月球3号"传回了月球背面照片，其中一座月球环形山后来被命名为"别莱利曼"环形山，作为全世界对这位科普界巨匠的永久纪念。

别莱利曼一生笔耕不辍，仅出版的作品就有100多部。他的大部分作品都是趣味科学读物，其中多部已经再版几十次，被翻译成多种语言，如今仍然在全世界出版发行，深受全球读者的喜爱。

所有读过别莱利曼趣味科学读物的读者，都为作品的优美、流畅、充实和趣味化而着迷。在他的作品中，文学语言与科学语言完美地融为一体，生活实际与科学理论也巧妙地联系在一起，他总是能把一个问题、一个原理叙述得简洁生动，精准有趣——读者常常会觉得自己不是在读书学习，而是在听各种奇闻趣事。

由别莱利曼创作的《趣味几何学》《趣味代数学》《趣味力学》《趣味天文学》和《趣味物理学》及其续篇，均为世界经典科普名著。该系列图书简洁生动，趣味盎然，很适合青少年阅读。它的最大特点是：在作者分析小故事的过程中，高深莫测的科学问题变得简单易懂，晦涩难懂的科学原理变得生动有趣，成功勾起了读者想进一步探讨的好奇心和求知欲。

希望读者朋友们喜欢这套科普经典读物，并能从中收获快乐和知识！

目录

第一章　001

地球及地球运动

第二章　057

月球和月球运动

第三章　103

关于行星

第四章　137

关于恒星

第一章

地球及地球运动

难以置信的最短航线

一次小学课堂上，数学老师用粉笔在黑板上画了两个点，让一位学生在这两点之间画一条最短的路线，然后就把粉笔递给了这位学生。学生拿着粉笔后想了想，用一条曲线把两个点连在了一起。

老师看后非常生气："我告诉过你们，两点之间，直线最短，为什么你要画一条曲线呢？"

那个学生回答："这是我爸爸教的，他是一位公交车司机，每天行驶的就是这条线。"

你是不是和老师有一样的想法呢？如图1所示，很多读者朋友都知道，南非好望角与澳大利亚最南端之间的最短路线正好就是图中的曲线，所以我们没有任何理由嘲笑那位学生。事实上，我们的生活中存在更加难以置信的事情！图2展示的是从日本的横滨到巴拿马运河之间的两条路线，相比来讲，那条半圆形路线远远比直线短。

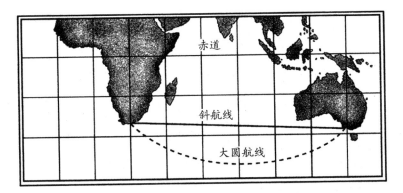

图1　在航海图中，南非好望角与澳大利亚南端之间的最短路
线竟然是曲线（大圆航线），而不是直线（斜航线）

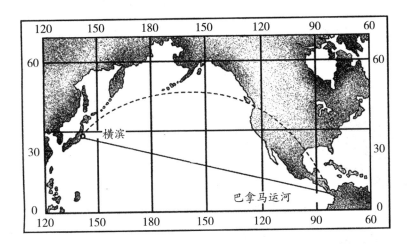

图2　在航海图上，连接日本的横滨与巴拿马运河之间的曲线
航线竟然还没有这两点之间的直线航线长

　　你可能会认为我是在开玩笑，其实不然，上述内容通过地图测绘员的测绘都得到了证实。

　　这个问题应该怎样解释呢？我们必须用到的就是地图，尤其是航海图。首先，我们来对地图做一个基本介绍。地球是个球体，严格地讲，它的每一部分都无法完全展开成一个完整无缺且不重叠的平面，所以我们无法真实地将某块陆地画在一张纸上。人们在绘制地图时往往会进行一些歪曲，这是难免的，从某种意义上来讲，世界上根本不存在一张没有经过任何歪曲的地图。

下面，我们再来了解一下航海家常用的航海图。在这个过程中，我们首先要认识一个人，他就是16世纪的荷兰籍地理学家墨卡托，也是航海图测绘方法的发明者，我们把他发明的测绘方法称作"墨卡托投影法"。图2看起来简单易懂，这种地图上有很多格子，竖直平行的线段代表的是所有的经线，与经线垂直的线段代表的则是所有的纬线。

接着，一个问题出现了：怎样才能在相同的纬度上找到两海港之间最短的航线呢？你的答案可能是：只要确定最短航线的位置及它所在的方向，问题就解决了。你能很自然地想到，最短的航线肯定在两个海港所处的纬线上，因为地图上是用直线表示纬线的，所以我们可以用"两点之间线段最短"的原理来回答。但我要非常遗憾地告诉你回答错误，因为你找到的并不是最短的航线。

图3 通过图示的实验可以证明，最短的航线并不在纬线上

下面，我们来做进一步分析。在一个球面上，直线连线并不是两点之间的最短路线，而是经过这两点的一条大圆（在球面上，圆心与球心重合的圆称为"大圆"）弧线。这条大圆弧线的曲率是这两点之间所有小圆弧线的曲率中最小的，而且球的半径越大，大圆弧线的曲率就越小。因此，纬线貌似直线，其实只是一个个小圆。换句话说，最短路线并不在纬线上。这一点，可以在实验中得到验证：在地球仪上任选两点，

并将一条细线沿着地球仪的表面将这两个点连起来。把这条细线拉紧，你会发现，这条细线与纬线并不在同一条线段上。如图3所示，拉紧的细线才是两点之间最短的路线，严格地说，它并没有与地球上的纬线重合。由此可知，在航海图上，线段并不是两点之间的最短距离，其中的原因很简单：纬线都是曲线，而我们在地图上看到的往往是直线。相反，在地图上，和直线不重合的线全都是曲线。

在航海图上，最短航线是曲线而不是直线，就是这个原因。再比如，俄国于多年前发生过一次较大的争议。当时，人们要在圣彼得堡和莫斯科之间修建一条铁路（即十月铁路，也叫尼古拉铁路），但在这条铁路是直线还是曲线的问题上，人们产生了巨大分歧。最后，还是沙皇尼古拉一世出面，才平息了争论，他给出的官方结论是：这条铁路不是曲线，而是直线。试想一下，如果当时尼古拉一世参考的是图2所示的地图，或许就会得出截然不同的结论。他会发现，原来这条铁路是一条曲线，而不是直线。

本着对科学负责的态度，我们可以用下面的方法来计算，这样会得到更严格的论证。

在地图上，曲线航线比直线航线短。假设有这样两个港口，它们之间的距离为60°[①]，而且它们都和圣彼得堡位于相同的纬度，即北纬60°。在此，我们暂且对这两个港口的真实

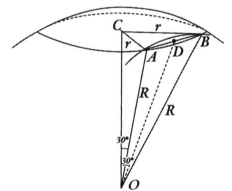

图4　地球上 A、B 两点之间纬圈弧线和大圆弧线哪个更长

[①] 编者注：弧长所对应的圆心角，后同。

性忽略不计。

如图4所示，点O为地心，A、B分别表示这两个港口，弧线AB长为60°，并位于纬线圈上，点C为AB所在纬线圈的圆心。以地心O为圆心，画一条大圆弧线从点A和点B经过，很明显，半径$OB = OA = R$；由此可以看出，这条大圆弧线与纬线圈上的弧线无限接近，却并不重合。我们还可以将所有弧线的长度计算出来。由题意可知，点A和点B都位于北纬60°，那么，半径OA和OB与地轴OC的夹角都是30°。我们还知道，在直角三角形ACO中，30°夹角对应的边AC（等于纬线圈的半径），应等于直角三角形的弦AO的$\dfrac{1}{2}$，也就是$r = \dfrac{R}{2}$。而纬线圈上的弧线AB（60°）的长度为纬线圈总长度（360°）的$\dfrac{1}{6}$。纬线圈的半径r是大圆半径R的$\dfrac{1}{2}$，所以纬线圈的长度也等于大圆长度的$\dfrac{1}{2}$。大圆长为40000千米，因此，纬线圈上弧线AB的长度等于$\dfrac{1}{6} \times \dfrac{40000}{2} \approx 3333$千米。

而且，我们还可以将经过点A和点B的大圆的弧线长度计算出来，即这两个港口之间的最短路线。首先，我们要知道$\angle AOB$的大小。小圆上60°弧所对应的弦正好是小圆内接正六角形的一条边，我们有$AB = r = \dfrac{R}{2}$。

连接点O与弦AB的中点D，得出直线OD，可以得到一个直角三角形ODA，其中，$\angle D$为90°，又因为：

$$DA = \frac{1}{2}AB$$
$$OA = R$$
$$\sin \angle AOD = \frac{DA}{OA} = \frac{\dfrac{R}{4}}{R} = \frac{1}{4}$$

由三角函数表可以得出：

$$\angle AOD=14°\ 28'\ 5''$$

所以：

$$\angle AOB=28°\ 57'$$

得到这些数据后，计算出最短路线的长度就轻而易举了。对地球来说，大圆1分的长度约等于1海里，即1.85千米，因此就有：28° 57' = 1737' ≈ 3213千米。

综上所述，在航海图中，沿纬线圈的直线航线为3333千米，而大圆上的航线（地图上是曲线）为3213千米，前者比后者长了差不多120千米。

如果你想弄清楚图中所画的曲线到底是不是大圆弧线，方法非常简单，只需要一个地球仪和一条细线就行了。如图1所示，非洲好望角和澳大利亚之间的直线航线为6020海里，曲线航线却仅为5450海里，二者之间差了570海里，约等于1050千米。在地图上，我们能非常清楚地看到，如果在上海和伦敦之间画一条直线航空线，一定会穿过里海，它们之间的最短航线却位于圣彼得堡偏北。由分析可知，在航行中，只要把航线问题搞清楚，就能节省更多的燃料和时间。

对现在来说，节省燃料和时间意义非凡。那个依靠帆船航海的时代早已远去，时间对我们每个人来说都像生命一样宝贵。轮船出现后，时间就相当于金钱，航线越短，使用的燃料就越少，能节约大量的费用。现在，航海家们已经舍弃了墨卡托地图，普遍使用的是一种叫"心射"的投影地图，它是用直线来表示大圆弧线的，能确保轮船一直沿着最短的航线前进。

那么，以前航海家们是否了解前面所说的知识呢？

他们当然知道。那在航海时为什么还是用墨卡托地图，却不按最短航线行驶呢？其实，这和硬币有正反两面是同样的道理，虽然墨卡托地图有很多缺陷和不足，但在特定的条件下，它往往能起到巨大的作用。

（1）除离赤道很远的地方之外，墨卡托地图上的小块陆地区域的轮廓基本是精确的。离赤道越远，地图上表示出来的陆地轮廓比实际的越大，而且纬度越高，陆地轮廓被拉伸的程度越明显。对航海知识一无所知的人或许无法理解这种航海图。比如，在墨卡托地图上，格陵兰岛竟然和非洲大陆差不多大，阿拉斯加看上去却比澳大利亚大得多。事实上，格陵兰岛的面积仅为非洲的 $\frac{1}{15}$，就算是把阿拉斯加和格陵兰岛的面积加起来，也只有澳大利亚面积的一半。但在那些熟知墨卡托地图特点的航海家眼中，这些问题都不是问题，完全可以忽略不计。因为在小的区域范围内，航海图上所表示的陆地轮廓与实际上相差并不大，如图5所示。

（2）在航海中，墨卡托地图是唯一用直线表示轮船定向航行航线的地图，所以使用起来方便得多。"定向航行"的意思是，不改变轮船航行的方

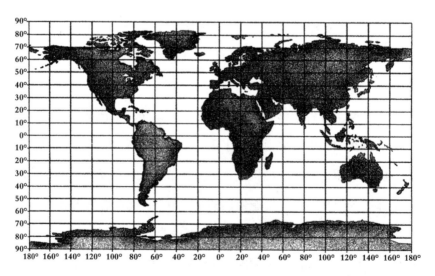

图5 全球航海图，又叫墨卡托地图。在这种地图上，高纬度地区的
陆地轮廓被拉伸了，例如，非洲的面积居然比格陵兰岛还要小

向和方向角。由此可知，在航行的过程中，轮船的航线始终与所有经线相交的角度相同，这些航线也叫"斜航线"（围绕在地球上的螺旋状曲线才是斜航线）。只有在这种用平行直线表示经线的地图上，才能用直线表示航线。众所周知，地球上的纬线圈全都与经线圈相互垂直，所以它们的夹角是直角，因此，在墨卡托地图上，经线与纬线互相垂直。墨卡托地图有一个显著的特点，就是它看上去全都是由经纬线绘成的方格网。

　　这就是航海家们喜欢使用墨卡托地图的原因。一名船长如果想去某个海港，他可以这样做：先用尺子在出发地和目的地之间画一条线段，再将该线段与经线之间的夹角测量出来，如此便可以确定航行的方向了。在广袤无边的大海上，船长只要让轮船一直沿着此方向前进，就一定能去他想去的那个海港。由此可见，这条斜航线虽然不是最短、最经济的，对船长和船员们来讲，却是最便捷的。再来举个例子，如果我们的出发点是南非的好望角，目的地是澳大利亚的最南端，如图1所示，那我们唯一需要做的就是让轮船始终朝着南偏东87°50′的方向前进。但假如我们想沿着最短航线行驶，那么行进的方向就必须不停地改变，先沿着南偏东42°50′的方向行进，到达某个地方后，再改为偏东39°50′的方向。事实上，世界上哪里有什么最短航线呢？如果一直沿着这条航线航行，你的目的地只可能是南极。

　　非常有趣的是，斜航线在某些地方可能正好和大圆航线重合，这种情况往往会在我们沿着赤道或者经线航行时出现，因为墨卡托航海图上正好也是用直线表示大圆航线的。除此之外，任何地方的斜航线都不可能和大圆航线重合。

经度长，还是纬度长

【问题】大家一定对经纬线有所了解，我们在课堂上都学过这些知识。但是，下面的问题，你们不一定都能回答上来：

纬度的1度是不是永远比经度的1度长？

【解答】很多人会给出肯定的答案。他们认为这个问题的答案再明显不过了，因为任何一个纬线圈都比经线圈小，而根据纬线圈和经线圈的长度可以将经度和纬度计算出来。因此，纬度的1度永远比经度的1度长。

这个解释看似很合理，但我们必须承认一个事实：从某种意义上来讲，地球是一个椭圆形球体，不是一个非常标准的正圆形球体，而且离赤道越近，圆的半径就越大。对一个如此特别的球体来讲，赤道比经线圈略微长一些，甚至与赤道接近的纬线圈也大于经线圈。通过计算我们可以得出，从赤道到纬度5°，纬线圈上的1度（经度）比经线圈上的1度（纬度）要长。

阿蒙森的飞艇去哪儿了

挪威有一名叫罗阿尔德·阿蒙森（1872—1928年）的南北极探险家，他曾于1926年5月和同伴乘坐"挪威"号飞艇进行过一次飞行。他们从孔格斯湾起飞，然后飞越北极点，最后抵达美国阿拉斯加的巴罗角，用时72小时。

【问题】阿蒙森和同伴从北极返回时，他们会朝哪个方向飞？当他们从南极返回时，他们的飞行方向又如何？假如不查阅资料，你知道答案吗？

【解答】地球的最北端是北极点。在此点上，无论你往什么方向走，都是往南走。因此，阿蒙森和同伴返航时肯定是飞向南方，并且这是唯一的方向。阿蒙森当时的日记中有这样一段内容：

"我们乘着'挪威'号飞艇在北极上空盘旋一圈后，继续我们的行程……

离开北极后，我们一直飞向南方，直到在罗马城降落。"

同样的道理，当阿蒙森和同伴飞离南极时，他们一直朝北方飞。作家普鲁特果夫曾写过一篇有趣的小说，讲的是一个人不小心进入"最东边国家"的故事，其中有一段描写：

"无论前边、左边还是右边都是朝东的，西方为什么突然消失了？或许你认为，总有一天会看到西方，就像迷路在浓雾中，我们总会找到那个在远处晃动的点……如果你真的这样想，那就大错特错了。事实上，无论你走多远，无论你朝哪个方向走，永远只能是朝东走。也就是说，这个国家只有东方，没有其他任何方向。"

虽然，地球上并没有四面朝东的国家，却真真实实存在这样一个神奇的地方：它被南方或北方包围着。如果在北极建造一幢房子，那么对这幢房子而言，它的四面都朝南方。如果是在南极，情况就截然相反。

最常用的5种计时方法

在我们的日常生活中，时钟随处可见。不知道你是否想过，时钟所指示的时间究竟是什么意思？或者，当人们说"现在是晚上7点"时，到底意味着什么？

你也许会说，在那个时间，时钟的时针正好指向数字"7"。那么，再请问，这个数字"7"又是什么意思呢？你的答案可能会是，这表示在正午之后，又过去了一昼夜的$\frac{7}{24}$。然而，所谓的一昼夜到底是什么意思呢？

事实上，"过去了一个昼夜"之类的描述对我们来说并不少见，这里所描述的"一个昼夜"指的是地球绕地轴自转一周所需的时间。那么，应该如何测量呢？确定观察者的正上方天空中一个点（即天顶）及地平线正南方的一个点后，将两点连起来作为准线，测算出太阳中心先后两次经过这条准线的时间间隔，得到的结果就是一个昼夜。虽然在其他因素的影响下，这个时间间隔并非始终不变，但差别并不大。因此，我们不用要求时钟、手表等必须和太阳的转动完全一致。更何况，这对人们来说根本就不可能实现。早在一个多世纪前，巴黎的时钟工匠们就曾宣告："在时间问题上，我们千万不要盲目地相信太阳，它其实是个骗子。"

于是，问题出现了：如果我们不相信太阳，那时钟该参照什么样的标准进行校正呢？事实上，这里的"太阳是个骗子"只是一种比较夸张的说法，目的是告诫我们不要以实际的太阳为参照物，而要用太阳模型来校正时间。太阳模型既不会发光，也不会发热，只作为计算时间的标准。此外，我们假定它的运行速度始终保持不变，但绕地球运行一周所花的时间与真实的太阳相同。在天文学中，该模型通常被叫作"平均太阳"。当"平均太阳"经过准线的时刻，我们叫它"平均中午"，而两个"平均中午"之间的时间间隔就是"平均太阳日"。同理，我们称借助该模型推算出的时间为"平均太阳时间"。很明显，"平均太阳时间"并不是真正意义上的太阳时间，但完全可以用来校正时钟。如果你想知道某个地方真正的太阳时间，用日晷测定吧，它和时钟不同，日晷是将针影作为指针。

可能有人会觉得，由于地球在绕地轴自转时速度会不断地发生变化，所以经过准线的太阳时间间隔肯定也不同，这种想法是错误的。事实上，地球自转与此差异八竿子打不着，它产生的原因是地球绕太阳公转的速度不均匀。图6中标出了地球在公转轨道上连续运行时的两点，地球右下方的箭头代

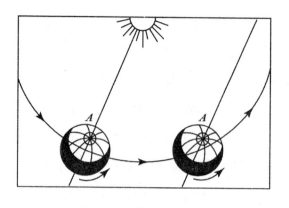

图6　太阳日比恒星日长

表的是地球的自转方向，如果从北极点上看，地球的自转方向为逆时针。此时，左边地球上的点A正好面对太阳，说明此时为正午12时。大家都知道，地球自转的同时也围绕太阳公转，而当它自转一周时，它在公转轨道上的位置应该位于轨道中偏右的某个位置，如图中右侧的地球所示。由此可知，此时，点A处地球半径的方向不变。而且，由于其在公转轨道上的位置发生了变化，点A不再正对着太阳，而是稍微偏向左侧。就是说，对于点A，此时不是正午。几分钟过去，太阳越过点A处的地球半径，点A所在的位置才是正午。

在图6中，实际的太阳日比地球自转一周的时间略微长一些。我们假设地球按照恒定的速度公转，并且以太阳为圆心的一个圆作为公转轨道，"真正的太阳日"与地球自转一周的时间差则是恒定不变的，计算起来并不复杂。而且，用此恒定、微小的时间差乘一年的天数（365），恰好为一个昼夜。换言之，地球围绕太阳公转一年所需的时间，正好比它围绕地轴自转一年的时间多一天，而地球自转一周正好需要一天的时间。因此，我们可以计算出，地球自转一周所花的时间为：

$$365\frac{1}{4}昼夜 \div 366\frac{1}{4} = 23小时56分4秒$$

事实上，地球以任何其他恒星为基准自转一周所花的时间都是一样的，即此处计算出的一昼夜的时间。因此，我们往往将这样的昼夜称作一个"恒星日"。

很明显，一个恒星日比一个太阳日短3分56秒，一般记作4分钟。值得提醒的是，该时间差也不是固定不变的，因为其中还掺杂了一些其他因素的影响。例如：（1）地球围绕太阳公转的速度并不是恒定的，而且公转的轨道也不是正圆形，而是椭圆形。因此，离太阳越近，它的速度越快；离太阳越远，速度就越慢。（2）地轴与公转轨道平面并不完全垂直，它们之间有夹角。因此，真正的太阳时间和平均太阳时间也不同。一年之中，只在4月15日、6月14日、9月1日和12月24日这四天，这两个时间才会相同。

我们还可以得出，在2月11日和11月2日这两天，这两个时间的差异最大，约为15分钟。图7中的曲线表示的是一年之中每天真正的太阳时间与平均太阳时间之间的差异。

在天文学中，该图往往被叫作时间方程图，主要用来表示平均太阳中午和真正的太阳中午之间的时间差。例如，在4月1日，对于准确的钟表，真正的太阳中午应该为12点5分。换句话说，这里的曲线指的只是真正的太阳中午的平均太阳时间。

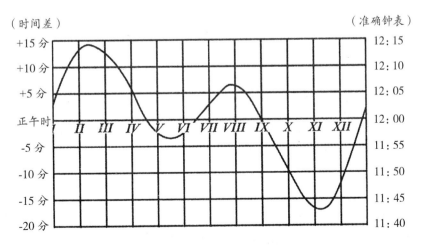

图7　时间方程图。图中的曲线表示真正的太阳中午在平均太阳时间是几点几分，例如4月1日，真正的太阳中午在准确的时钟上应该是12点5分

你们一定听说过所谓的"伦敦时间"和"北京时间"，因为随着地球经度的变化，各个经度上的平均太阳时间也会有所差异，这就是以上说法的由来。具体而言，每个城市都有"当地时间"。经过火车站时，我们也会发现"城市时间"和"火车站时间"的不同，其原因在于"城市时间"显示的是该城市时钟的时间，是以当地的平均太阳时间为标准的；然而，全国的"火车站时间"是统一的，通常是由该国首都或某个重要城市的时间决定的，火车出发或到达的时间就是以此为标准。例如，俄国火车站的时间表依据的就是圣彼得堡的平均太阳时间。

不同经度的时间之间存在差异，一般来说，我们将地球平均划分为24个时区。在同一时区，各个地点都采用这个时区的时间，该时间就是上述地区中间经线对应的平均太阳时间。所以，我们说地球上有24个不同的时间，并不是说每个地方都依据自己的时间。

前面，我们共讨论了3种计时类型，即真正的太阳时间、当地的平均太阳时间和时区时间。除此之外，天文学家还常常使用另一种时间类型，即恒星时间，它是根据恒星日计算得到的一种时间。如同我们前文所讨论的那样，恒星日大约比平均太阳日短4分钟。而且，每年的3月22日，二者都会重合，但从重合后的第二天起，每天的恒星时间就会比平均太阳时间早4分钟。

还有第五种计时类型，即"法令规定时间"。一般来说，它比时区时间提前一小时，是为了在每年白天较长的季节里调整作息时间，通常是从春季到秋季，这样可以让人们节约燃料和用电量。然而在一些西欧国家，往往只有春季才会有这种情况。具体而言，就是将春季伊始的凌晨一点拨快成为两点，等到了秋季，时钟再拨慢一小时，这样就恢复成了原来的时间。在俄国，法令规定时间每年都会做出调整，这样可以降低发电厂的发电负荷。

说到俄国，还有一个小插曲：俄国于1917年才首次使用法令规定时间，而且在一段时期内，将时间拨快了好几小时，甚至有时并未使用法令规定时间。直到1930年春天，政府再次规定，恢复使用法令规定时间，并统一规定将地区时间提前一小时。

白昼时长

通过查阅天文年历表，我们可以将任何地点在一年中任意日期的白昼时长精确地计算出来。但在实际生活中，我们根本不需要如此精确的数值，用近似值就行，图8中的数据就足够使用了。在图中，左边的数字表示当天的白昼小时数；下面的刻度表示地球赤道平面与太阳和地球中心的连线之间的夹角，一般称作"太阳赤纬"，通常用"度"来表示；斜线表示的则是观测点的纬度。

为了便于查阅，我们在下表中列出了一年中某些特殊日期的太阳赤纬，以供

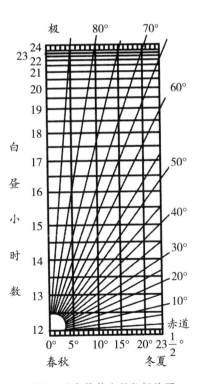

图8　用来推算白昼长短的图

参考。

然后，我们来看两道练习题。

太阳赤纬	日期
$-23\frac{1}{2}°$	12月22日
-20°	1月21日，11月22日
-15°	2月8日，11月3日
-10°	2月23日，10月20日
-5°	3月8日，10月6日
0°	3月21日，9月23日
+5°	4月4日，9月10日
+10°	4月16日，8月28日
+15°	5月1日，8月12日
+20°	5月21日，7月24日
$+23\frac{1}{2}°$	6月22日

注：表中的"+"表示在地球赤道的北面，"-"表示在地球赤道的南面

【问题】①对于处在北纬60°的圣彼得堡，4月中旬的白昼时长是多少？

【解答】由左表可知，在4月中旬，太阳赤纬是+10°。在图8中，沿下面的10°这一点作底边的垂线，垂线会和纬度为60°的斜线产生交点；从该交点作底边的平行线，所对应的左侧数字为$14\frac{1}{2}$，即所求的白昼时长约为14时30分。要注意的是，在上述图表中，我们忽略了大气折射的影响（具体可参见图15），故该值只是近似值。

【问题】②对于处在北纬46°的阿斯特拉罕来说，11月10日的白昼时长是多少？

【解答】与问题①的解答同理，但是由于在11月10日这一天，太阳位于南半球，太阳赤纬为—17°。由图8可知，该数字也是$14\frac{1}{2}$，但它并非白昼时长，而是夜间时长。这里的太阳赤纬为负数，因此所求的白昼时长应为$24-14\frac{1}{2}=9\frac{1}{2}$（时），即9时30分。

此外，参考这一数值，我们还可以将日出的时间计算出来。方法如下：先将上述9时30分减半，即4时45分，由图7可知，在11月10日这一天，真正的太阳中午应该是11时43分，因此当天的日出时间应为：

$$11时43分-4时45分=6时58分$$

同理，这一天的日落时间应为：

$$11时43分+4时45分=16时28分$$

即下午4时28分。

因此，在某些情况下，用图7和图8来代替一些天文年历表格不存在任何问题。而且，如前所述，除了计算昼夜的长短，还可以将你所在居住地全年的日出、日落时间和昼夜的时长都计算出来。图9是纬度为50°处的图表，需要注意的是，该图中所表示的时间是当地时间，而不是当地的法定时间。在了解这个原理的前提下，如果我们知道了一个地方的纬度，很容易就能绘制出这样一张图表来。在该图表中，我们能清楚地看到任意一天的日出和日落时间。

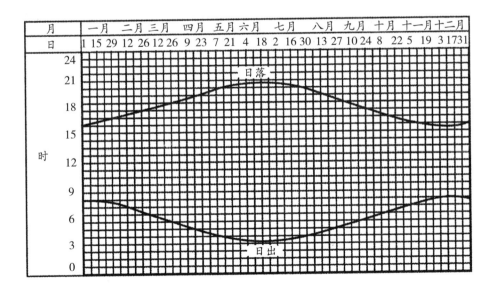

图9　纬度为50°的地区全年日出、日落时间对照表

影子不见了

请认真观察图10，你们有没有发现什么异常？也许已经有人发现了端倪，图中是大白天，这个人站在室外，却没有影子。真是太匪夷所思了！事实上，这张图临摹了一张实地拍摄的照片。换言之，画里的情景确有其事。只不过，图中这个人所站的地方比较特殊，即赤道附近。画面中，太阳正好在这个人的正上方（就是我们常说的"天顶"）。但是，假如这个人位于赤道和纬度23.5°以外，太阳就无法到达天顶。所以，只有在某些特定地区才会发生这种情形。

图10　阳光下的人居然没有影子，这种现象只发生在赤道附近

每年6月22日，太阳位于北回归线附近，即北纬23.5°。对于生活在北半球的我们来说，太阳在这一天正午达到最高，此时它就在北回归线各地的天顶。6个月后，即12月22日，太阳位于

南回归线附近，即南纬23.5°。同理，这一天，太阳也会在南回归线各地的天顶。众所周知，南北回归线之间的区域是热带，因此，这里的人们每年可以两次亲身目睹太阳位于天顶。此时，人们或其他物体的影子都正好在自己的脚下方，看上去好像没有影子，图10中的情景就是这么来的。

图11中展示的是一天之中南北两极地区的影子变化，你可能会觉得我在开玩笑，其实不然。如你所见，图中的人可以同时有多个影子！通过这幅图，我们可以清楚地知道极地上太阳的特点：在太阳光的照射下，人的影子在一个昼夜内会保持同样的长度。原因很简单：在南北两极，太阳一昼夜的运行轨迹几乎都和地平线保持平行，但除此之外，其他地方太阳的运行轨迹全都和地平线相交。要说明的一点是，该图中有一个错误，即图中人的身高比影子长得多。事实上，只有在太阳高度角为40°时才有这种可能。而由于地球两极的太阳高度角小于23.5°，因此这件事情绝不可能发生。只需要进行简单的计算，我们就可以得出一个结论：在南北两极，物体的影子起码是物体高度的2.3倍，甚至更多。如果你感兴趣，可以用三角学原理进行计算。

图11 地球的南北两极，物体的影子
在一天中的长度会保持不变

物体的质量和运动方向有关吗

【问题】两列质量相同的火车，以相同的速度相向而行，其中一列自东向西行驶，另一列自西向东行驶。请问，哪一列火车更重？如图12所示。

图12　两列质量相同、相向而行的火车，由于
离心力的影响，自东向西的火车更重一些

【解答】自东向西行驶的火车更重，意思就是，这列火车对铁轨产生了更大的压力，因为它的行驶方向正好和地球自转的方向相反。这列火车行

驶时，在离心力的影响下，围绕地轴运动的速度要小一些，因此这列火车减少的质量也比另一列火车少。事实上，如果给出一些条件，我们完全可以得出精确的差值：假如这两列火车的时速为72千米，并行驶在纬线圈60°上，由天文学知识可知，该纬度上的各个地方在绕地轴运动时的速度都是230米／秒。因此，自西向东行驶的火车，由于和地球自转的方向相同，其旋转速度为（230+20）米／秒，即250米／秒；同理可得，另一列火车的旋转速度应为210米／秒。

纬度60°的纬线圈的半径为3200千米，因此，前一列火车的向心加速度应为：

$$\frac{V_1^2}{R} = \frac{25000^2}{320000000} \ （厘米／秒^2）$$

而后一列火车的向心加速度应为：

$$\frac{V_2^2}{R} = \frac{21000^2}{320000000} \ （厘米／秒^2）$$

则它们的向心加速度的差为：

$$\frac{V_1^2 - V_2^2}{R} = \frac{25000^2 - 21000^2}{320000000} \approx （0.6厘米／秒^2）$$

又因为向心加速度与重力方向之间的夹角为60°，因此，其重力方向的分力应为：0.6厘米／秒^2 × cos60° = 0.3厘米／秒^2

再除以重力加速度，即0.3／980，结果为0.0003或0.03%。

综上，自西向东行驶的火车比自东向西行驶的火车轻了0.03%。假设上述火车包含1个火车头和45节车厢，质量约为3500吨，那么它们的质量差应为：

3500吨 × 0.0003 = 1.05吨 = 1050千克

如果是两艘相向而行的大轮船，假设其排水量为20000吨、速度为35千米／小时，则质量差大约为3吨。上述两艘大轮船分别自东向西和自西向东行驶，如果沿着纬度60° 行驶，则向西行驶的轮船约比另一艘轮船要重3 吨。这一点，我们可以从吃水线上观察到。

用怀表来辨识方向

图13　在户外利用怀表辨方向

如果我们在野外，又没有携带指示方向的工具，该如何辨别方向呢？此时，如果有太阳，就可以用怀表来辨认方向。方法非常容易，只需要把怀表平放在地上，时针指向太阳，找到时针与12时方向的夹角，此夹角的平分线就会正好指向正南方。

这个方法的原理其实非常简单。众所周知，太阳都是东升西落，它在天上"走"完一圈需要24小时，而在怀表表面，时针走完一圈需要12小时。显而易见的是，后者走的圆心角恰好是前者的2倍。因此，将怀表上时针所走的圆心角平分后，就是中午时分太阳所在的方向，即南方，如图13所示。

值得一提的是，此方法虽然很简单，精确度却远远不够，误差有时甚至会达到几十度。这是由于，怀表始终与地面保持平行，但只有在极地时，在天空运行的太阳才会和地面平行，而在其他地方，太阳与地平线一直会形成一个夹角，尤其是在赤道上，它们是相互垂直的。因此，除极地之外，在地球的任何地方，出现误差都是在所难免的。

接下来，我们再来看图14。在图14a中，观察者位于图中的点M处，点N为北极点，圆HASNRBQ（地球子午线）正好同时从观察者所在的天顶和地球的北极穿过，那我们就能利用量角器将地球北极在地平线HR的高度NR测量出来，并由此计算出观察者所在的纬度。此时，假如观察者在点M处看向点H，那么，正南方就在他的前方。在图14a中，如果我们从侧面观察太阳在空中的运行轨迹，就会发现此轨迹是一条直线，而不是弧线，而且被地平线HR分成了两段：地平线以上是太阳白天的运行路线，地平线以下则是太阳夜间的运行路线。每年的春分和秋分，太阳昼夜运动轨迹重合，即图中的直线AQ，而太阳

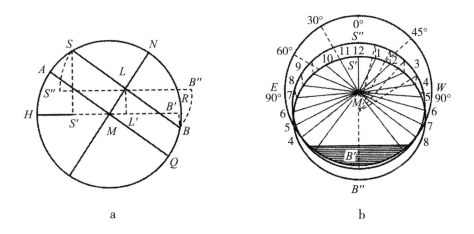

a   b

图14　可将怀表当指南针，却得不到精确的方向指示

在夏天的运动轨迹与直线SB保持平行。从图中可知，这一轨迹大部分位于地平线以上，也就说明，夏天时白昼比黑夜略长一些。太阳每小时的运动轨迹占其全长的 $\frac{1}{24}$，也就是 $\frac{360°}{24}=15°$。但是，计算结果显示，午后3时，太阳应位于地平线西南15°×3=45°的某个地方，事实上却存在一些偏差，这是因为在太阳的运行路线上，相同长度的弧线投射到地平面上的影子并不是一样长。

下面，我们来进一步进行分析。如图14b所示，图中的SWNE表示在天顶看到的地平面，直线SN为地球的子午线，观察者站位于点M处。太阳在天空中运行时，其轨道中心的投影并不是点M，而是点L′（参见图14a）。如果我们将图14a中的SB移动到S″B″位置，即将太阳的圆形轨迹移动至水平面上，并将它平均分成24份，每份就是15°。接下来，我们将该圆形轨迹恢复到原来的位置，然后投影到地平面上，得到的就是一个以L为中心点的椭圆形（参见图14a）。在圆上，我们分别通过24个等分点作直线SN的平行线，就可以在椭圆上找到24个点，它们就是在一昼夜内太阳每时刻的位置。这些点之间的弧线长短不一，对位于点M的观测者来说，这种感觉更加明显，因为椭圆的中点并不是M。

计算结果显示，夏天时，假如在纬度53°的某处用怀表辨别方向，产生的误差比较大。在图14b中，下面的阴影部分表示夜晚，也就是说，太阳会在早晨的3～4时升起。根据前面介绍的利用怀表辨认方向的方法，太阳位于正东方向的点E时，并不是怀表上出现的时间6时，而是7时半。而且，在正南偏东60°的地方，日出的时间是9时半而不是8时；在正南偏东30°的地方，日出的时间是11时而不是10时；在正南偏西45°的地方，日出的时间是下午1时40分，而不是下午的3时；日落时间则是下午4时半，而不是6时。另外，值得一提的是，怀表的指示时间只是法定规定的时间，不是当地真正的太阳时间。因此，从某种意义上说，该方法会对用怀表辨认方向的准确性产生一定的影响。综上所述，虽然可以用怀表来辨识方向，但结果可能并不精确。只在某些特殊的时期，误差才会比较小，比如春分、秋分或冬至之时，因为此时观测者所在位置的偏心距为0。

黑昼和白夜的形成原因

俄罗斯经典文学作品中经常会有"白色的黑暗"和"空灵的光芒"等非常唯美的描写，它们形容的地方就是圣彼得堡的白夜。

每到4月中旬，就意味着圣彼得堡的"白夜季"的到来。此时，人们会迫不及待地来此观赏空中美妙绝伦的光芒。其实，客观地来说，这一奇观只是正常的天文现象而已，与晨曦和晚霞差不多。著名俄国诗人普希金在其作品中也有此类描述。他是这样写的："天空与霞光在远处相交，黑夜被它们驱逐而逝，剩下的只是灿烂的金光。"事实上，白夜就是晨曦和晚霞交替的时刻，由于在纬度较高的某些地区，太阳在昼夜运行过程中一直位于地平线17.5°以上，晚霞往往还未消退，晨曦就已经出现了，所以这里根本没有夜晚。

这种晚霞和晨曦相连的白夜现象，并不是圣彼得堡的专利，它以南的一些地方也有这种现象。例如，每年5月中旬到7月底之间，在莫斯科也能看到白夜景观。不同的是，莫斯科的天空看上去比同一时间的圣彼得堡暗一点。而且，在圣彼得堡，5月份就能有白夜景观，莫斯科却要等到6月至7月初。

俄国境内的最南端是波尔塔瓦地区，这里也存在白夜景观，它的纬度为49°（66.5°～17.5°）。在该纬度上，每年的6月22日，都会出现白夜现象，从该纬度越向北，白夜景观持续的时间越长，而且更明亮，包括叶尼塞斯克、基洛夫、古比雪夫、喀山、普斯可夫等，这些地方的人都能观看白夜景观。但由于这些地方都在圣彼得堡以南，所以和圣彼得堡相比，白夜的日子稍微少一些，而且白夜景观出现时的天空没有圣彼得堡的亮。

有个城市叫普多日，位于圣彼得堡以北，出现白夜景观时，这里的天空比圣彼得堡亮得多。阿尔汉格尔斯克就在离普多日不远的地方，那里的白夜更加明亮；而在斯德哥尔摩，看到的情形和圣彼得堡差别不大。

除了上述类型的白夜，还有另一种白夜，它只有不间断的白天，却没有晚霞和晨曦的更迭，甚至连晚霞和晨曦都没有。原因在于，太阳光只会洒在地球上某些地方的地平线上，太阳绝不会落到地平线以下。例如，这种白夜可以在纬度65°42′以北的地区观察到，但如果继续往北，到了纬度67°24′的地区，我们看到的景象就会和白夜截然相反——黑昼。就是说，那里的晨曦和晚霞是在中午更迭，而不是午夜，所以那里的黑夜永远不会间断。事实上，人们完全可能在同一个地方观察到白夜和黑昼，而且明亮程度也极其相似，只是它们出现的季节不同而已。例如，在6月份，这里的某个地方不会有日落；那么，到了12月份，一定有某个时间段，这里的人们看不到太阳。

白昼与黑夜的更替

　　小时候，我们总是觉得太阳每天都会准时升起，然后准时落下，但自从学习了白夜和黑昼的知识后，才发现事情比想象的复杂得多。在地球上的不同地方，常见的昼夜交替也会有所不同，而且昼夜交替并不意味着光暗的交替。对于上述问题，为了讨论时更方便，我们可以将地球划分为5个地带，分别表示光暗交替的不同方式。

　　第一个地带位于南纬49°与北纬49°之间，在这个区域，真正的白天与黑夜会出现在每个昼夜。

　　第二个地带位于纬度49°～65.5°之间，这里属于白夜地带，包括俄国境内波尔塔瓦以北的部分地区，白夜往往出现在夏至前。

　　第三个地带位于纬度65.5°～67.5°之间，这里属于半夜地带。在该区域，每年6月22日的前后几天都可以亲眼见到不下山的太阳。

　　第四个地带位于纬度67.5°～83.5°之间，这里属于黑昼地带。不间断的白昼出现在每年的6月，不间断的黑夜则会在12月出现，那时这里整天都是晨曦和黄昏。

第五个地带位于纬度83.5°以北，这里的光暗交替是最复杂的。我们曾经提到过圣彼得堡，在那里，白夜仅仅是白昼和黑夜之间的非正常交替，第五个地带的情况却迥然不同。在这一区域，人们每年都会在夏至与冬至之间观察到5个季节变化，可以称之为5个阶段。第一个阶段为持续的白昼；在第二个阶段的半夜时分，白昼与微光会交替出现，但真正意义上的黑夜并未出现，这和圣彼得堡的夏夜差不多；第三个阶段全是持续的微光，并不是真正的白昼和黑夜；第四个阶段基本上还是微光，但每天的午夜前后会出现更加黑暗的时间段；第五个阶段为持续的黑夜。冬至到下一年的夏至也会经历这五个阶段，但顺序正好相反。

我们前面的分析是以北半球为例，南半球的情形基本相同。相似的现象同样会出现在相应的纬度上。讲到这里，有的读者可能会产生疑惑，因为他们似乎从来没有听我说起过白夜也会发生在南半球。实际上，这没什么好奇怪的，原因在于与圣彼得堡对应的纬度上，南半球不是陆地，全是浩瀚无涯的海洋。而这一美轮美奂的白夜奇观，也许只有那些勇敢的航海家或探险者在前往南极探险时才能有幸见到。

北极太阳的秘密

【问题】在北极探险时，探险家曾发现一个奇异的现象：北极在夏季时，阳光照射到地面上，地面却并没有发热，但如果是照射到直立的物体上，温度就非常高。例如，在阳光的炙烤下，与地面垂直的房屋墙壁和峭壁会变得非常烫，直立的冰山融化的速度快得惊人，木船舷上的树胶会迅速晒化，人的皮肤也非常容易晒伤。对于上述现象，你觉得该如何解释呢？

【解答】很简单，用物理定律来解释就行了。我们已知，阳光照射物体时，与其表面的角度越接近90°，阳光的作用就越明显。夏天，因为北极地区的太阳高度角很小，通常来说，太阳高度角小于45°，因此如果物体与地面垂直，那么它和太阳之间的夹角就会大于45°，太阳就会发挥更大的威力，辐射效果将更加明显。

四季开始的时间

每年3月21日，不管是狂风暴雨还是大雪纷飞，又或是春暖花开，在天文学上，这一天在北半球都被视为冬季的结束和春季的开始。为什么要把这一天作为冬季与春季的分界线呢？有何依据？

其实，在天文学上，气候总是在不停地发生变化，所以春季开始的时间并不是由大气的气候变化所决定的。在一个特定的时刻，北半球在同一时间或许只会有一个地方呈现出真正意义上的春天。所以，我们可以说，气候特征和季节变化之间并没有必然的联系。天文学家划分四季的依据主要是中午时分太阳高度角、白昼长短等天文学因素，气候只起到了参考的作用。

为什么是3月21日呢？那是因为在这一天，晨昏线恰好经过地球两极。我们可以通过一个实验来模拟这一场景：设置一个普通的灯，使其发出的光射向地球仪；让地球仪上被照亮区域的分界线正好和经线合二为一，并与赤道和所有的纬线圈垂直。此时慢慢转动地球仪，我们会看到，对地球表面上任意一点而言，光亮与黑暗都能正好平分它的圆周轨迹。由实验可知，在每年的这个时间，地球表面上的所有地方都是昼夜等长。这一天的白昼正好是一

个昼夜的 $\frac{1}{2}$，即12小时。对全世界的人来说，这一天的日出时间都是早上6时，日落时间则是晚上6时。

在3月21日，世界上所有地方全都是昼夜平分，天文学上用"春分"来代表这特殊的一天；同理，半年后，到了9月23日，昼夜平分的时间又到了，就是天文学上的"秋分"。春分代表冬春交替，秋分意味着夏秋交替。值得注意的是，南半球的情况恰好相反。北半球的春分正好是南半球的秋分，反之亦然。换言之，赤道的这一边正在进行冬春交替时，另一边则处于夏秋交替时期。

此外，在一年中，昼夜长短的变化如下：从9月23日到12月22日，北半球的白天会逐渐缩短；从12月22日到第二年的3月21日，白天会逐渐增长。在这段时间里，黑夜始终比白天长。而从3月21日到6月21日，白天会逐渐增长；从6月21日到9月23日，白天又会逐渐缩短。在这段时间里，黑夜始终比白天短。

在北半球，四季的开始和结束就发生于上述四个日期，现列举如下：

3月21日——昼夜等长——春季开始；

6月22日——白天最长——夏季开始；

9月23日——昼夜等长——秋季开始；

12月22日——白天最短——冬季开始。

而在南半球，情况正好相反，你们可以自己罗列一下。为了让大家对这一内容有更深的认识，我们再来完成几个练习题。

【问题】①地球上，哪个地方全年始终是昼夜等长？

②今年的3月21日，塔什干、东京和南美洲阿根廷首都布宜诺斯艾利斯的日出时间分别是几时？

③在9月23日这天，新西伯利亚、纽约和好望角什么时候日落？

④在8月2日，赤道上的日出时间是几时？2月27日的太阳什么时候升起？

⑤7月会不会出现严寒天气？1月会不会出现酷暑天气？

【解答】①赤道上全年始终昼夜等长，这是因为无论地球在什么位置，地球被太阳照亮的一面始终会平分赤道。

②和③在春分和秋分，在地球上的任何地方，日出时间都是早上6时，日落时间都是晚上6时。

④赤道全年日出时间均为早上6时。

⑤在南半球中纬度地区，7月会出现严寒天气，1月会出现酷暑天气。

关于地球公转的3个假设

在日常生活中，我们对某些现象已经见惯不怪，虽然习以为常，解释起来却相当复杂，甚至可能比解释那些罕见的现象更难。比如，我们计数时采用的往往是十进制，如果采用七进制或十二进制，就会觉得特别不习惯，相比之下，十进制简直是太方便了；再如，在学习非欧几里得几何学时，我们才会深刻地体会到，以往所学习的欧几里得几何学居然如此简单而实用。在天文学上，为了对地心引力在日常生活中的运用有更多的了解，我们也经常作出一些假设。现在，为了更好地解释地球绕日运行，我们先来看几个假设。

我们已知，地球绕太阳运行的轨道平面和地轴之间有一个夹角，约为 $\frac{3}{4}$ 直角，即66.5°。现在，我们先假设该角为直角，即90°；换言之，假设地球运行轨道平面垂直于地轴，会是什么情形呢？

（1）假设地球公转轨道平面垂直于地轴

讲到这里，我们先来了解一下凡尔纳的幻想小说《底朝天》。在这本小说中，炮兵俱乐部的会员也曾经有过相同的假设。炮兵军官想"将地轴竖起来"，就是使地轴垂直于地球公转轨道平面。如果该假设可以实现，那么，自然界会迎来哪些变化呢？

第一个变化体现在小熊座 α 星（即我们所说的北极星）上，它就不再是我们口中的"北极星"。这是因为当该夹角从66.5°变成90°后，星空旋转时的中点会发生变化，也就是说，小熊座 α 星将偏离地轴的延长线。

第二个变化体现在四季上，更准确地说，明显的四季更迭将永远消失。首先，我们有必要来弄清楚四季更迭产生的原因。用一个最简单的例子来说：为什么夏天会比冬天热呢？对生活在北半球的我们来说，这里夏天比冬天热，原因主要有两个：第一，地轴与地球公转轨道平面之间存在一个夹角，因此夏天时，太阳照射到地面上的时间更长，这是因为地轴北端更接近太阳，白天比黑夜更长。而且白天时，地面与太阳光形成的角度比较大。再者，黑夜较短，散热的时间也就较短。换句话说就是，夏天，地面被太阳照射的时间更长、强度更大，而在冬天，照射的时间变短，再加上黑夜比白天长，散热时间也随之变长。

南半球的情况同样如此，时间上却和北半球正好差了6个月。在春秋两季，南北半球的气候非常相似，这是因为此时南北极和太阳的相对位置是一样的，地球的晨昏线和经线几近重合，所以白天和黑夜几乎是一样长的。

而针对之前的假设，如果地轴与地球公转轨道平面保持垂直，四季更迭就会彻底消失。这是因为，此时地球和太阳的相对位置会始终保持不变。换言之，无论是在地球上的什么地方，都不会再有季节的更迭，会一直停留在一个季节，要么是春季，要么是秋季，而且每个地方的昼夜一样长，正如现在的3月下旬或9月下旬。木星就是如此（其自转轴垂直于绕日运转轨道平面）。

温带地区的变化比热带地区更加明显，而对于两极来说，气候将和现在的情况截然不同。大气会折射太阳光，所以，两极上天体看上去会高于现在的位置，如图15所示。因此，太阳会一直在地平线上浮动，不会东升西落，南北两极将永远是白昼，说得更具体一点就是，将永远是清晨。尽管太阳的位置一直很低，斜射带来的热量非常有限，但由于照射从未间断，南北两极将从寒冷的冬天变成温暖的春天，这应该算是我们从地轴与地球公转轨道平面垂直所获得的唯一好处。不过，地球的其他地区就没那么好运了，它们的损失将难以估量。

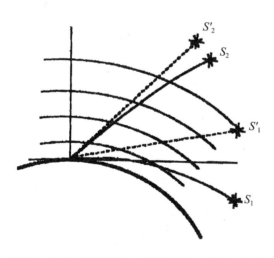

图15　地球大气折射图。光线从太阳S_2射出，在穿过每一层地球大气层时，都会在折射的作用下发生偏移，从而让观察者产生光线是从S'_2射出的错觉。虽然S_1处太阳已经落山，但在大气的折射作用下，观察者仍然可以看见它

（2）假设地球公转平面与地轴之间的夹角为45°

在这个假设中，地轴与地球公转平面之间的夹角不再是直角，而是$\frac{1}{2}$直角，即45°。如此，春分和秋分仍然昼夜等长，和现在完全一样。但到了6月，太阳不再位于纬度23.5°，而位于纬度45°的天顶，因此热带气候会出现在地球纬度45°上。圣彼得堡位于纬度60°，也就是说，太阳天顶角为15°。在上述太阳高度角下，现在的热带气候会出现于纬度60°的地区。此外，热带和寒带会直接连在一起，现在的温带会被彻底吞没。在整个6月，莫斯科和哈尔科夫会一直是白昼。到了冬季，情况则恰恰相反，在莫斯科、基辅、哈尔科夫和波尔塔瓦等城市，整个12月都会是漆黑一片。在冬季，现在的热带地区会变成温带，因为中午的时候，太阳高度角小于45°。

除上述极地地区的一点儿好处之外，在这个假设下，热带和温带将发生翻天覆地的变化，给整个地球造成的损失将远远超出我们的想象：冬天会比现在更加寒冷，两极则会一直处于温暖的夏季。中午时分，太阳高度角为45°，这样的情况会保持半年。到了那时，南北极的冰雪会在阳光的照射下消失得无影无踪。

（3）如果地轴位于地球公转运行轨道平面，该假设将更加疯狂，如图16所示。此时，地轴位于公转运行轨道平面，这意味着地球一边围绕地轴自转，一边"躺着"围绕太阳公转，会出现哪些变化呢？

在这个假设下，极地附近地区将迎来为期半年的白昼和黑夜。在半年白昼期间，太阳慢慢地从地平线升到天顶的位置，运动轨迹为一条螺旋线，然后慢慢地被地平线淹没，运动轨迹同样是一条螺旋线。昼夜交替时会出现连续的微明，因为太阳在彻底被地平线淹没之前，会在地平线处起伏数天，而且会"围绕天空旋转"。到了夏季，冰雪会融化得非常快。在中纬度地带，从春季伊始，在不间断的白昼出现之前，白昼会慢慢变长。

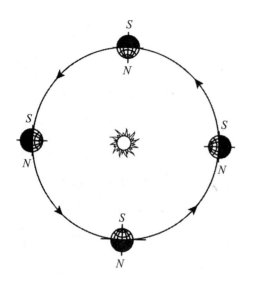

图16 假设地轴位于公转运行轨道的平面上，地球将"躺着"围绕着太阳转动

上述情况与天王星非常相似，天王星的公转几乎可以说是"躺着"围绕太阳进行的，因为天王星的自转轴和公转轨道平面之间夹角只有区区8°。

综上，我们做了三个假设，并对每种假设进行了分析。亲爱的读者朋友们，你们应该已经对地轴的倾斜度和气候的关系有了细致的了解。"气候"一词在古希腊文中的意思就是"倾斜"，很明显，这并不是偶然。

地球公转轨道更扁长的影响

现在，我们来探讨一下地球公转轨道的形状。地球和其他行星一样，在运行的过程中同样遵守开普勒第一定律，即行星运行在椭圆形的公转轨道上，太阳正好位于该椭圆的焦点。

　　那么，地球公转轨道的椭圆形到底是什么样呢？在一些中学教科书中，地球公转轨道往往被画成一个扁长的椭圆形，此举无疑在无形中误导了很多人，他们认为地球的公转轨道是一个标准的椭圆形，这当然是错误的。事实上，地球的公转轨道已经非常接近圆形，假如将其画在纸上，乍一看，你可能会以为它就是一个圆，即使将该轨道的直径缩小成1米，用肉眼看起来仍然类似圆形。因此，哪怕你的眼睛和艺术家一样敏锐，也很难准确地将这种椭圆形和圆形区分开来。

　　图17中展示的是一个椭圆，AB为椭圆的长轴，CD为短轴。除了"中心"点O外，长轴AB上还有两个重要的点，即"焦点"，它们关于中心点O互相对称。如图18所示，我们以长轴AB的$\frac{1}{2}$，即OB为半径，以短轴的端点C为圆心画弧，与长轴AB产生了两个交点，即点F和点F'，则这两个点就是椭圆的焦点。这里，OF和OF'的长度相等，通常表示为c，长轴和短轴则常表示为2a和2b。c与a的比值，即$\frac{c}{a}$，表示椭圆的伸长程度，即几何学上的"偏心率"。偏心率越大，就意味着椭圆和圆形的差别更明显。

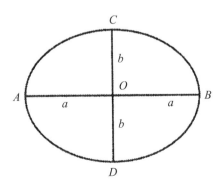

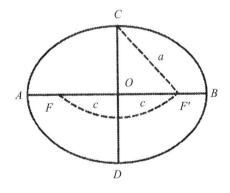

图17　在椭圆形中，AB为长轴，
CD为短轴，点O为圆心

图18　如何找出椭圆形的焦点
（点F和点F'）

由此可见，只有知道了地球公转轨道的偏心率，我们才能确定地球公转轨道的形状，计算偏心率时却不需要知道轨道的大小。如前所述，太阳位于椭圆轨道的一个焦点上，因此，在地球公转轨道上，各点到太阳的距离远近不一，从而导致太阳时而看起来大，时而看起来小。例如，在7月1日这天，人们眼中的太阳最小，这是因为太阳位于图18中的焦点F'，而地球位于点A，角度表示就是$31'28''$。而到了1月1日，人们眼中的太阳是最大的，此时地球位于点B，用角度表示就是$32'32''$。从而，我们能够得到以下比例关系：

$$\frac{32'32''}{31'28''} = \frac{AF'}{BF'} = \frac{a+c}{a-c}$$

根据上面的比例式，可得：

$$\frac{32'32'' - 31'28''}{32'32'' + 31'28''} = \frac{a+c-(a-c)}{a+c+(a-c)}$$

即：

$$\frac{64''}{64'} = \frac{c}{a}$$

从而有：

$$\frac{c}{a} = \frac{1}{60} = 0.017$$

换言之，地球公转轨道的偏心率为0.017。因此，只要测出太阳的可视圆面，就能确定地球公转轨道的形状。

此外，我们在验证椭圆轨道和圆形之间的区别时还可以用以下方法。如果用半长轴为1米的椭圆代表地球公转轨道，那么，它的短轴是多少呢？

借助图18中的直角三角形OCF'，可得：

$$c^2 = a^2 - b^2$$

两边同时除以a^2：

$$\frac{c^2}{a^2} = \frac{a^2 - b^2}{a^2}$$

$\dfrac{c}{a}$ 为地球轨道的偏心率，等于 $\dfrac{1}{60}$，而 $a^2 - b^2 = (a+b)(a-b)$，由于 a 和 b 的差别非常小，因此，我们可以将 $(a+b)$ 替换为 $2a$，从而，上式可简化为：

$$\frac{1}{60^2} = \frac{2a(a-b)}{a^2} = \frac{2(a-b)}{a}$$

因此：

$$a - b = \frac{a}{2 \times 60^2} = \frac{1000}{7200}$$

该值小于 $\dfrac{1}{7}$ 毫米。

很明显，就算圆这么大，该椭圆轨道的半长轴和半短轴之间的差异也小于 $\dfrac{1}{7}$ 毫米，甚至还没有铅笔画出来的线粗，因此，该轨道完全可以画成圆形。

我们不妨进一步分析一下，太阳在这张图中的位置。如前所述，它应该在焦点上，那它和中心的距离是多少呢？也就是图中的 OF 或者 OF' 的长度为多少呢？

通过计算，我们能够很容易地得出：

$$\frac{c}{a} = \frac{1}{60}, \quad c = \frac{a}{60} = \frac{100}{60} = 1.7$$

即，太阳所在的地方与轨道中心相距1.7厘米。假如，将太阳的直径画成1厘米，那么对于它是否处于轨道的中心的问题，就算是艺术家，也很难看出来。因此，在绘制地球公转轨道时，我们完全可以将太阳画在轨道的中心，并用圆圈表示。综上所述，太阳所在的位置与轨道中心非常接近。严格地说，如果它真的位于中心，会对气候产生什么影响呢？下面，我们来深入地探讨一下。假设地球公转轨道的偏心率增大为0.5，这代表椭圆的焦点正好将它的半长轴平分，此时椭圆将更加扁长，和鸡蛋的形状差不多。当然，我们也只是进行假设。事实上，水星轨道在整个太阳系中的偏心率最大，大约为0.25。

假设：地球公转轨道远比正常情况下扁长得多。

如图19所示，这里的地球公转轨道比正常情况下扁长得多，并且焦点位于半长轴的中点。我们假设在1月1日时，地球位于点A，此处与太阳最近。在7月1日时，位于点B，此处与太阳之间的距离最远。由于FB恰好为FA的3倍，因此太阳在7月1日与地球之间的距离为1月1日时的3倍，1月的太阳视直径为7月的3倍。而太阳辐射到地面的热量和它与地球之间距离的平方成反比，因此，地面在1月接收到的热量是7月时的9倍。这代表北半球的冬季，天气会变得非常暖和。因为尽管太阳高度角很小，昼短夜长，但是由于距离太阳更近，所以接收到的热量更多。

由开普勒第二定律可知，向量半径在相等的时间内扫过的面积相等。这里的"向量半径"指的是太阳与行星的连线，即前面讨论的太阳与地球的连线。在地球围绕太阳公转时，向量半径始终在发生变化，并且会在运动时扫

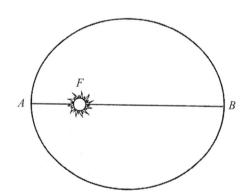

图19 假设地球的公转轨道比正常情况下更扁长，焦点在半长轴的中点上，北半球的冬季天气就会变暖，太阳高度角则会变得很小

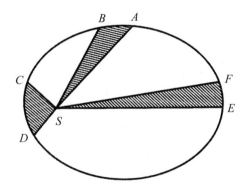

图20 开普勒第二定律：如果弧线AB、CD、EF为行星在相同时间里通过的距离，则图中三块阴影的面积应该是一样的

过一定的面积。根据开普勒定律，在相等的时间内，这些面积相等。如图20所示，根据该原理，由于地球距离太阳较近时向量半径小，此时的速度快于距离太阳较远时，才能在相等的时间里扫过相等的面积。

因此，按照之前的假设，每年的12月到第二年的2月，地球的运行速度应该快于6月到8月，因为此时它与太阳离得非常近。这意味着北半球的冬季会过得很快，夏季却会被拉长，所以地面接收到的热量会更多。

如图21所示，这是一份季节长短图，图中的椭圆形是假定偏心率为0.5时的地球公转轨道。为了分析时更简单，我们将轨道划分为地球在相同时间内经过的12段路程；（分别标记为数字1～12）。由开普勒定律可知，12个点与太阳的连线即为向量半径，所以这12部分应具有相等的面积。例如，1月1日，地球位于点1；2月1日，地球位于点2；3月1日，地球位于点3，以下同理。由此可知，春分（A）会出现在2月上旬，秋分（B）会推迟到11月下旬。

换言之，北半球的冬季会在12月底才拉开序幕，结束的日期则会提前到第二年的2月初，只持续短短1个多月，从春分到秋分则历时九个半月，昼长夜短，太阳也远离地球。

然而，如果是在南半球，情况则会截然相反。昼短夜长、太阳高度角较小时，太阳距离地球较远，因此，地面接收的热量非常少，只有地球靠近太阳时的$\frac{1}{9}$。

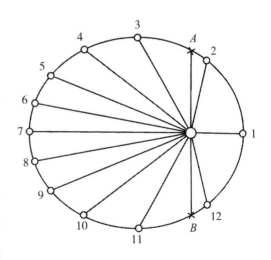

图21 假设地球公转轨道变得更扁长，会直接影响到季节的长短。图中两个相邻数字之间的距离为地球在相等时间（一个月）内所经过的距离

但在昼长夜短、太阳高度角较大时，地面接收到的热量会是地球远离太阳时的9倍。这意味着，南半球的冬季比北半球更长、更冷，夏天则更短、更热。假设的后果远不止此，1月时地球运行得很快，所以真正的太阳中午与平均中午之间会有很大的差别，有时甚至会多达数个小时，严重影响到我们的作息。

因此，在上述假设下，太阳"偏心"的位置不同，就会带来不同的影响：北半球的冬季会比南半球更短、更暖和，夏季则恰好相反。事实上，这些现象我们每个人都可以观察到。在1月时，地球和太阳之间的距离比7月少了 $2 \times \dfrac{1}{60} = \dfrac{1}{30}$，则1月地球接收到的热量为7月的 $\left(\dfrac{61}{59}\right)^2$ 倍，即约比7月多了7%，所以北半球的冬天相对比较暖和。此外，北半球的秋季和冬季总天数比南半球少8天，春季和夏季总天数则比南半球多8天，这也许是南极上的冰雪比北半球多的原因之一吧。

下表中展示的是南北半球的四季时间。

北半球	持续天数	南半球
春季	92天19小时	秋季
夏季	93天15小时	冬季
秋季	89天19小时	春季
冬季	89天0小时	夏季

可知，北半球的夏季比冬季多4.6天，春季比秋季多3天。

然而，在天体空间中，由于地球轨道的长轴会不断地发生变化，因此轨道上距离太阳最远和最近的点也在持续变化，给北半球的这个优势带来一些变化。有人曾经做过计算，上述变化会每过大约21000年重新来一次，也就是说，从公元10700年开始，这个优势会归南半球所有。

事实上，地球公转轨道的偏心率确实正在慢慢地发生变化，从类似圆形的

0.003变成0.077，就像火星轨道一样。现在，地球公转轨道的偏心率正在慢慢地变小，大约24000年后，它将缩小成0.003，在之后的40000年里，它又会逐渐变大。当然，现在讨论这个问题没有任何实际意义，因为它只存在于理论当中。

地球在中午还是黄昏距离太阳更近

假如地球的公转轨道是正圆形，答案就再简单不过了：中午时离太阳更近，再加上地球自转的原因，导致地球表面上的点都正对着太阳。比如，赤道上的点在中午时与太阳之间的距离，比黄昏时少6400千米，也就是一个地球半径的长度。

但是，地球的公转轨道是椭圆形，不是正圆形，而且太阳位于焦点上，如图22所示。因此，地球与太阳之间的距离一直在不断地变化。在上半年，地球离太阳越来越远；到了下半年，则与太阳越来越近。最大和最小距离之间的差值为$2 \times \dfrac{1}{60} \times 150000000 = 5000000$（千米）。

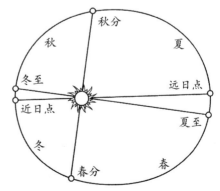

图22　地球绕日公转的轨道示意图

地球与太阳之间的距离一刻不停地发生着变化，每昼夜相差大约30000千米。也就是说，从中午到日落的这段时间里，地球表面上各点和太阳之间的距离之差大约为7500千米，比地球自转所引起的距离变化略大一些。

因此，我们应该对这个问题分别进行讨论：1月到7月，地球在中午的时候离太阳更近；从7月到第二年的1月，地球在黄昏时离太阳更近。

假设地球公转的半径增加1米

【问题】地球绕太阳公转时，与太阳之间的距离大约是1.5亿千米。现在，假设该距离增加1米，如图23所示，那么公转的总长度会增加多少？一年又会增加多少天呢？（假设地球绕太阳公转的速度保持不变）

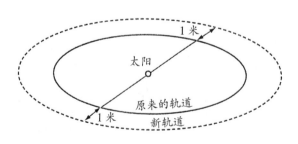

图23　假如地球公转的半径增加1米，
公转的总长会增加多少

【解答】从表面看，1米这个数值很小，但由于公转轨道较长，因此人们往往会认为1米的变化会造成很大的影响，轨道的全长和一年的天数都会明显增加。

然而，计算结果显示，事实和我们的想象相差甚远，这有点出乎意料。不过也是正常的。对两个同心圆而言，它们的周长之差与每个半径的长度没有任何关系，只与二者的半径之差有关。只要画出两个半径相差1米的圆，就会发现，这两个圆的周长之差和地球公转轨道的周长变化是一样的。

或许你对此疑问重重，但要证明这一点，我们只需要简单的几何学知识就行了。假设地球公转轨道为圆形，半径为R米，那么它的周长就是$2\pi R$米。假如半径增加1米，新的周长就是$2\pi(R+1)=(2\pi R+2\pi)$米。因此，周长只增加了2π米，即6.28米。由此可知，该增加量和半径的长度无关。假如地球到太阳的距离增加1米，地球公转的全长将增加6.28米。

地球公转的速度约为30千米／秒，因此在一年中只增加了$\dfrac{1}{5000}$秒。对于地球公转系统而言，该数值小到几乎可以忽略不计。

从不同的角度看物体运动

当物体从一个人手中滑落时，此人看到的是它做垂直下落运动，对另

图24　对于地球上的观察者来说，重物在做垂直下落运动

一个人来说是不是也一样呢？对他来说，也许并不是这样。事实上，无论是谁，如果没有和地球同步旋转，就意味着物体下落的轨迹可能不是直线。

在图24中，假设该重物是从500米的高度自由下落，则它在下落时会参与地球上的所有运动，我们这些观测者同样如此，所以我们压根儿感觉不到物体下落时的各种附加运动。如果我们离开地球做各种运动，就能发现重物下落的轨迹并不是直线。

比方说，我们在月球上观察地球上的重物下落。虽然月球和地球一起围绕太阳公转，它们的自转却并不同步。因此，从月球上看，地球上的这个重物总共参与了两种运动：

一种是垂直下落，另一种则是沿与地面相切的方向向东运动。由力学定律可知，这两种运动会合成为第三种运动，就像大家知道的那样，物体自由下落时并不是匀速运动，第三种运动却是匀速的，因此合成后的运动路径会是一条曲线，如图25所示。

如果在太阳上，用高倍望远镜来看该重物的下落，情况又会不同。此时，对观测者来说，既不参与地球的自转，也不参与地球的公转。因此，如图26所示，呈现在我们面前的会是以下三种运动：

①重物垂直下落；

②重物沿与地面相切的方向向东运动；

③重物围绕太阳旋转。

图25　从月球上看地球
上重物下落的路径

在第一种运动中，由物体下落的高度为0.5千米可知，它下落到地面需要的时间为10秒；在第二种运动中，假设事情发生在莫斯科，那么，我们可以根据纬度将它的路程计算出来，也就是0.3×10=3（千米）；在第三种运动中，它的速度为30千米／秒。因此，在10秒内，重物会沿着公转轨道运行300千米，比前两种运动大得多。对太阳上的观测者来说，也许只能看到第三种运动。如图27所示，在这段时间内，地球往左移动了较长的距离，重物却只下落了一点。值得一提的是，图中的比例尺并不精确，10秒内，地球移动的最大距离为300千米，图中却约为10000千米。

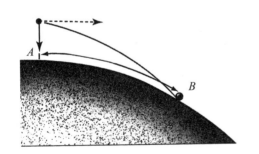

图26　地球上，物体垂直下落的
同时也沿着与地面相切的方向运动

图27　从太阳上观察地球上垂
直下落物体的运动轨迹

下面，我们来更深入地探讨一下：假如我们在地球、月球和太阳之外的一个星球上观测该下落过程，呈现在眼前的还有第四种运动。这种运动是与该星球的一种相对运动，它的方向和大小取决于太阳系和该星球的相对运动。如图28所示，假设该星球也在太阳系中运行，速度为100千米／秒，与地球公转的轨道平面形成的角度小于90°。那么，重物在10秒内会沿该方向移动1000千米。此时，物体的运动轨迹会变得非常复杂。但如果是在另一个星球上，也许会观察到另一种路径。

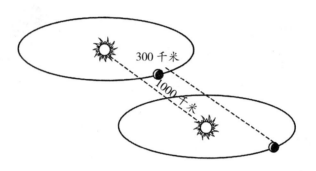

图28　从地球、月球、太阳以外的另一个星
球上观察地球上物体下落的运动轨迹

分析到此，有些读者朋友可能会有很多疑问，假如观察的地点换成银河系之外，情况又会怎样呢？这样一来，相对于银河系与其他宇宙天体的相对运动，观察者都会被排除在外。事实上，由前面的分析可知，从不同角度观察物体的下落运动，看到的情形会是天壤之别。

采用非地球时间

不知道你有没有思考过一个问题：工作1小时后休息1小时，这两个小时的长度一样吗？或许你会觉得，在时钟准确的前提下，它们肯定是一样长的。接下来，还有一个问题：你认为准确的时钟是什么样的时钟？你或许又会这样回答："准确的时钟就是根据天文观测校准过的时钟，它和地球的匀速旋转相同，即在相同的时间里，地球转过的角度也相同。"

但问题是，你怎样才能确定地球是匀速旋转的呢？地球一刻不停地在自转，每两次自转的时间真的是一样的吗？你有什么根据呢？如果想弄清楚这个问题，就必须彻底改变那种以地球自转为计时标准的思维模式。

对于这个问题，近年来[①]天文学界的有关人士认为，在一些特殊情况下，测量时间时应该采取特别的标准，传统的以地球匀速自转为标准的方法已经不再适用。

---

① 指的是本书成书年代。另外，在本书中的所有数据以及观点都是作者成书时代的，时隔半个多世纪，如今已发生很多变化。之后文中不再逐一进行标注。

在研究一些天体运动的过程中，人们发现，它们的实际运动和理论结果存在很大的偏差，而且根本无法在天体力学规律中找出合理的解释。现已发现的月球、木星的第一卫星和第二卫星以及水星等，就连太阳的视周年运动，即地球的公转，也存在这种偏差。比如月球的运动，它的实际与理论路线偏差角甚至可能高达 $\frac{1}{4}$′。经过分析，人们发现它们有一个共同的特点，即这些运动都会出现在某个特定的时间暂时变快的现象，而后的某段时间，又会突然慢下来。据此分析，产生这些偏差的原因应该是一样的。

那么，这个共同的原因具体是什么呢？是因为时钟不够精确，还是因为地球的非匀速自转呢？

有人就说我们该放弃"地球钟"，用其他的自然钟来测量此类运动。自然钟指的是，根据木星的某卫星、月球或水星的运动进行校准的时间。实践证明，如果采用自然钟，前面提到的所有天体运动都能得到完美的解释。但是，如图29所示，在测量地球的自转时也采用这种自然钟，它就不是匀速的了：几十年内它会逐渐变慢，接下来的几十年又逐渐加快，然后再变慢。

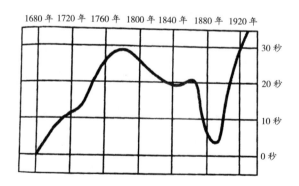

图29　图中曲线为1680—1920年地球自转相
对于匀速运动的情况。上升的曲线表示一昼
夜的时间变长，就是说地球自转变慢，下降
的曲线则意味着地球自转变快

由此可知，在太阳系内，如果其他天体都处于匀速运动的状态，那相对于它们的运动而言，地球自转就不是匀速的。事实上，严格的匀速运动和地球运动的偏差非常小：1680—1780年，随着地球自转的速度逐渐变慢，"日"逐渐变长，由此导致地球和其他天体运动时间之差达到30秒；但到19世纪中期，地球自转又逐渐加快，"日"就随着变短了，该差值缩小至10秒；到20世纪初，这个数值又变成了20秒。20世纪的前25年，地球自转又逐渐变慢，"日"随之逐渐变长，所以现在的时间差不多又成了30秒。

那么，为什么会有这样的变化呢？目前为止，这还是一个未解之谜，也许和月球的引潮力、地球直径的变化等有关。如果有人能找出这个问题的答案，肯定会轰动全世界。

如何划分年月开始的时间

在莫斯科，每当新年的钟声敲响第12下时，就意味着新的一年开始了，莫斯科西边的地区却仍然处于前一年的末尾，莫斯科以东的地方则已跨进了崭新的一年。这是因为地球是个球体，而球体上所有的东西都是连在一起的。现在，问题来了：是否存在一条界线能准确地区分新年、除夕、1月和2

月，告诉我们新的一年开始的时间？

其实，这条线是真实存在的，即"日界线"。它由国际协定所规定，位于经线180°附近，穿过白令海峡和太平洋。

在地球上，所有的年月日交替都是由这条日界线开始的。地球上第一个进入新一天的地方就在这条线上，好像所有的"日"都必须先过这道关，然后从这里走出所有的年、月、日，接着一路往西，环绕地球一周后再回到原点，最终于地平线的那一边消失得无影无踪。

位于亚洲的杰日尼奥夫角是俄国最东边的地方，地球就是最早在此处迎接新的一天的开始。每个崭新的一天从白令海峡诞生后，从这里走进了我们的生活，围绕地球一周即24小时后，最终在这里离去。

现在，我们很容易就能根据日界线得知日期的更替，但在这条线还没有被确定的航海时代，人们经常把日期弄混。下面这篇日记，其主人叫安东·皮卡费达，诞生于他跟随麦哲伦周游世界的过程中：

"7月19日，星期三。今天，我们在绿角岛登陆，我们每个人都有写日记的习惯，却无法确定日期是不是对的，所以必须上岸问问。让人惊讶的是，当我们问今天是星期几时，他们说是星期四。但是根据日记记录，那天应该是星期三。难道，我们错了整整一天？

"后来才搞清楚，原来我们计算日期的方法没有任何问题，但是由于我们始终向西航行，也就是在一直追赶太阳运动，所以现在又回到了起点。相对当地人而言，我们整整少了24小时。此时，我们方才恍然大悟。"

如今，航海家们穿过日界线时是怎样做的呢？为了防止日期混乱，如果他们向西航行，那么途经此地时就会将日期提前一天；相反，如果是向东航行，就将日期推后一天。举个例子，在某月的1日，他们向东航行经过此线后，日期不变，还是当月的1日。

由此，我们可以得到这样的推论，儒勒·凡尔纳在小说《八十天环游世界记》中犯了一个错误。小说中描写的旅行家环游世界返回故乡时为周日，其实当地时间还是周六。在日界线确定之前，这样的混乱并不少见。

现在看来，爱伦·坡曾声称的"一周内有3个星期天"还真不是信口开河。假设一个水手往西周游世界，环游一周后回到故乡，正好遇到一个刚自西向东周游世界返回的朋友。如果你听到其中一个人说昨天是周日，另外一个坚持说明天是周日，当地没有出过门的朋友却说今天才是周日，千万不要觉得荒唐可笑，因为真的有这种可能。

环游世界时，若不想把日期弄混，方法很简单：往东走时，把同一天重复算两次，放慢脚步，让太阳追上你；往西走时，越过一天去追赶太阳。虽然说起来很容易，但是，就算现在早已不是麦哲伦时代，人们也常把日期搞混。

2月有几个星期五

【问题】2月最多有几个星期五？最少有几个？你可能压根儿没考虑过这个问题，假如你仔细思考后再看看正确答案，也许会大吃一惊。

【解答】很多人的答案会惊人的一致：2月最多有5个星期五，最少则有4个。理由是这样的：闰年时，如果2月1日是星期五，29日也会是星期五，所以最多有5个星期五。

但我要十分遗憾地告诉你们，2月里星期五的个数也许会在这个数据的基础上翻一番。我们来看看下面的例子。

每个星期五，一艘轮船都会从亚洲海岸启程，航行在阿拉斯加和西伯利亚的东海岸之间。某个闰年的2月1日正好是星期五，那这艘船上的人会在整个2月里碰见10个星期五。这是因为，在星期五当天，当轮船往东穿过日界线时，就意味着这个星期会有两个周五。但是，如果这艘船每个星期四从阿拉斯加向西伯利亚海岸航行，那么，计算时就应跳过星期五这天，因此，在整个2月，轮船上的人一个星期五都碰不到。

所以，问题的答案应该是这样的：最多有10个星期五，最少则为0个。

第二章

月球和月球运动

怎样区分残月和新月

　　每当我们仰望夜空的时候，好像总是觉得弯弯的月牙一直挂在天上，但它有时是新月，有时却是残月，我们应该如何区分呢?

　　事实上，有一个最简单的方法，即看它凸出的一边朝向何方。基本规律是：在北半球，新月总是向右边凸出，残月则始终凸向左边。这种方法是先辈们智慧的结晶，可以帮助我们简单地区分新月和残月。

　　在俄语中，新月和残月的单词分别为：Растущий（意为"生长"）、Старый（意为"衰老"）。Растущий使人想到新月，Старый则让人联想到残月。而且，这两个词还有一个特别的地方，即它们的首字母分别是Р和С，两个字母凸出的方向正好与新月和残月是一样的，如图30所示。

图30　新月和残月的区分方法

　　在法语中，人们用拉丁字母d和p来区分新月和残月，d和p就像用一条直线将弯月的两头连起来，dernier（意为"最后的"）的首字母是d，由它的词义会想到残月；

premier（意为"最初的"）的首字母为p，代表新月。这样的例子在其他语言中也有所体现，比如德语。

如果是在澳大利亚或非洲南部，这种方法就不再适用了。对那里的人来说，新月和残月的凸出方向正好和北半球相反。除此以外，在赤道及其附近的纬度带上，如克里米亚和外高加索，也不能用前面的方法，因为那里的弯月几乎是横着的，仿佛就像一艘小船或一道拱门漂浮在海面上。在阿拉伯传说中，它的意思是"月亮的梭子"。在古罗马时，人们称弯月为lunafallax，翻译过来就是"幻境中的月亮"。如果是在这些地方分辨新月和残月，可以用另外一种方法：黄昏时出现在西面天空的是新月，残月则总是出现在清晨时东面的天空。

用这两个方法，不管是在什么地方，我们都可以准确地辨别新月和残月。

画错的月亮

自古至今，月亮都为画家们所钟爱。在日常生活中，我们也可以经常欣赏到与月亮有关的风景画，虽然画家们笔下的风景十分美丽，画出的月亮却并不准确。

图31 这张画上犯了天文学方面的
错，你看出来了吗

如图31所示，这是一幅关于月亮的画，仔细观察就会发现其中的错误：弯月的两个角面向太阳，其实，面向太阳的应该是弯月的凸面。众所周知，月亮只是地球的卫星，所以它本身不会发光，我们看到的月光其实是它反射的太阳光。因此，应该是弯月的凸面面对太阳，而不是两个角。

除此之外，还要注意月亮的内外弧。弯月的内弧应该是半椭圆形，这是因为月球内弧是受阳光照射部分的边缘阴影，外弧则应是半圆形，如图32a所示。很多画家忽略了这个问题，所以绘画作品中经常会出现内外弧都是半圆形的情况，如图32b所示。

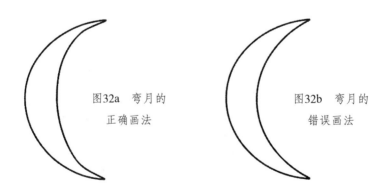

图32a 弯月的
正确画法

图32b 弯月的
错误画法

在地球上仰望月亮，悬挂于天空的弯月似乎总是有些歪，因此，要想画好月亮的位相并不容易。理论上讲，月光由太阳照射而来，所以太阳的中心点应该在弯月两角连接线中点的垂线上，如图33所示。在月球上，这条直线应该是弧形，但和弧线两端相比，中间部分离地平线远得多，这些光线看上去变弯了。图34中标出了太阳光线和月亮的相对位置，由图可知，只有蛾眉月与太阳是"正对的"。当月亮位于其他位相时，太阳光线仿佛是弯曲着投射到月球上，在这样的情况下，投影成的月亮怎么可能"端正"地悬挂在夜空中呢？

因此，只有掌握必要的天文知识，画家才能正确地把月亮画出来。

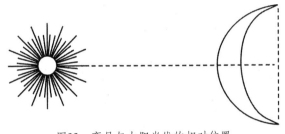

图33　弯月与太阳光线的相对位置

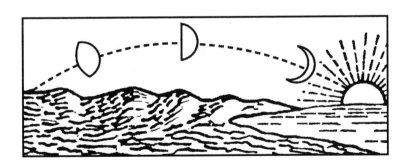

图34　太阳光线和不同位相的月亮的相对位置

宇宙中的"双胞胎"——地球和月球

行星	卫星	卫星与行星的质量比
地球	月球	0.0123
木星	甘尼米德	0.0008
土星	泰坦	0.00021
天王星	泰坦尼亚	0.00003
海王星	特里同	0.00129

在所有行星与卫星的关系上，地球也许和月球是最亲密的。无论是在大小、质量或是在运行轨道上，它们就像一对双胞胎。

可以这么说，月球是唯一一个具备此特点的行星的卫星。我们先来看看大小，海王星的卫星特里同是卫星中最大的，直径却仅为海王星的 $\frac{1}{10}$，月球的直径则是地球的 $\frac{1}{4}$。再来看看质量，在太阳系的所有卫星中，木星的第三颗卫星质量最大，差不多是木星质量的千分之一，而地球的质量是月球的81倍。上面表格中展示的是几颗卫星与其所属行星的质量比，我们可以更直观地理解地球和月球的关系。

对其他行星与其卫星间的距离来说，月球与地球之间的距离近得多。你可能会觉得，它们的距离大概是380000千米，已经很远了。但你知道吗，这个距离仅为木星与其第九颗卫星间距离的$\frac{1}{65}$，如图35所示。因此，我们说地球与月球的关系非常亲密是很有道理的。

图35　月球与地球间距跟木星与其卫星间距的比较图。相对而言，月球离地球非常近（图中星球并未按实际比例表示）

作为地球的卫星，月球一刻不停地围绕地球旋转的同时，地球也在绕太阳公转，它们的运行轨道十分接近。月球围绕地球旋转时的轨道长2500000千米，在它旋转一圈的同时被地球带行的距离为70000000千米，约等于月球一年路程的$\frac{1}{13}$。能够想象，如果我们把月球的轨道拉伸到现在的30倍，它的轨道将绝不可能是圆形。可以这么说，除几段凸出部分外，月球绕太阳的运行轨道几乎和地球的轨道重合。图36为1个月内地球与月球的运行路径，图中的虚线表示地球的轨迹，实线表示月球的轨迹。由此可知，除非选择的比例尺足够大，否则我们很难将这两条距离非常近的曲线区分开来。在该图中，地球轨道的直径大约为0.5[①]米。

---

① 由图36还可以得知，月球运行时并非绝对的匀速运动，它环绕地球的轨道也是椭圆形的，地球就在该椭圆的焦点上。月球轨道的偏心率约为0.055，这个数字在天文学上小得可怜。根据开普勒第二定律，当月球离地球较近时，它运行的速度比月球离地球较远时快得多。

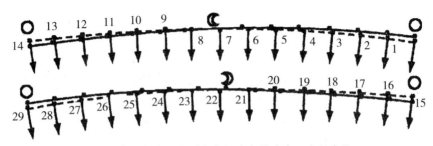

图36　实线与虚线分别代表月球与地球在一个月中绕日
运行的路径，二者几乎是重合的

　　如果把地球轨道的直径画成10厘米，那么，辨别这两条轨道的可能性几乎为0。而且，我们也在不停地参与地球的轨道运动，所以更感觉不到两条轨道到底有没有一起前进。但如果我们在太阳上观察，就会发现月球的轨道呈小波浪状，和地球轨道几乎重合。

太阳为什么没有把月球吸引到身边呢

　　月球为什么没有被太阳的引力吸引到身边呢？这个问题看起来怪怪的，别着急，我们先来看看太阳和地球对月球的引力到底有多大。

　　如果想计算它们的大小，要把握两点：一是地球和太阳的质量，二是它们与月球的距离。太阳的质量非常大，约等于地球的330000倍，仅看质量的话，太阳的引力是地球的330000倍。而地球到月球的距离大约是太阳到月球距离的 $\frac{1}{400}$ ，地球在距离上占更大的优势。引力与距离的平方成反比，太阳对月球的引力就是330000倍的 $\frac{1}{400^2}$ 。因此，太阳对月球的引力是地球对月球引力的 $\frac{330000}{160000}$ 倍，也就是2倍多。

我们再来重温一下前面的问题。既然太阳对月球的引力这么大，为什么没有把月球吸引到身边呢？这和前面讲到的"双胞胎"也有一定的关系。太阳对月球和地球都有引力，但太阳的引力不会影响它们的内部关系，正因为如此，地球和月球的运行轨迹才会变成现在的样子，如图36所示。月球和地球十分亲密，所以太阳的引力并不只会对单个星体起作用，还会对连接它们的直线发挥作用，即组成了它们的整个系统重心。再具体点讲就是，该重心在地球的以外，位于地球半径长度之外的地方，而且地球和月球围绕此中心旋转一周正好需要一个月。月球和地球之所以没有被太阳吸引到身边，就是这个原因。

你看，你看，月球的脸

满月看起来和一个平面圆盘差不多，这是因为人们在观察远处的物体时，双眼会得出大致相同的图像，无法形成立体的图像。但它其实并不是平面的，前提是我们要用立体镜来观察。用立体镜观察时，月亮会是一个真正的球形，因为立体镜的制作原理是双眼视差，这能让我们看到立体图像。

但月球总会有一部分被遮住，所以很难拍下月球的立体影像。只有对月球的不规则运动有所了解，拍摄者才能拍出一张月球实体照片。此外，拍摄方法也至关重要。实体照片是成对的，拍了一张后往往要在好几年才能拍到另一张。

来看看怎样才能获得月球的立体图。月球和我们离得非常遥远，双眼无法对于如此远的物体形成立体图像，只有从两个不同的地点取景，而且这两个地点之间的距离必须大于它们到月球的距离，才能获得月亮的立体图。由计算可知，月球到地球的距离约为380000千米。拍摄这样两张照片时要注意，一张应为月面中心的一点，另一张应该偏离月球经度1°，这样才能保证最后得到的图片是立体的。也就是说，以上两点的距离应该大于6400千米，约等于地球的半径。

　　事实上，我们之所以能拍出月球立体图，还要给月球绕地球公转的椭圆形轨道记一个大功。月球自转的同时也在绕地球公转，而且它们的旋转周期相同，所以月球朝向地球的始终是同一面。我们能观察到它的侧脸，都是月球的椭圆形绕地轨道的功劳。

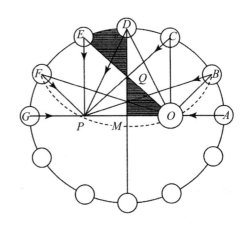

图37　月球绕地球公转的轨道

　　假如月球的绕地轨道是圆形，而不是椭圆形，那么我们就永远看不到月球的立体图片。图37所画的是月球绕地球公转的椭圆形轨道，为了让大家看得更清楚，我们刻意把图中的轨道画得略扁。图中的点O为地球所在的位置，它在椭圆的一个焦点上。根据开普勒第二定律，月球从点A到点E大约用时一个月的$\frac{1}{4}$。图形MOQ和DEQ的面积大约相等，因此，$MOQ+OABCD=DEQ+OABCD$，即图形$OABCDE$与$MABCD$的面积相等，都占全部椭圆的$\frac{1}{4}$。也就是说，在$\frac{1}{4}$个月中，月球的运行路线是A到E。而月球自转是匀速的，在$\frac{1}{4}$个月的时间里旋转了90°，月球的"脸"因此越过了点M，朝向了点M的左方，位于月球轨道的另一个焦点P附近的某个位置。此时，位于地球上的我们完全可以从右边看到月球侧面的边缘。当月球运行到点F时，$\angle OFP$比$\angle OEP$小，这时的边缘更窄。点G是月球轨道的"远地点"，月球运行到这里时，跟地球的相对位置与它在"近地点"A时一模一样。当月球沿轨道持续运行，转弯行至反方向时，呈现在我们眼前的就会是之前那个侧脸边缘相对的另一边，这条边先是逐渐变大，然后逐渐变小，最终在点A处彻底消失。

正因为如此，哪怕是月球正面边缘细微的变化，我们也可以在地球上看得一清二楚，和围绕在天平的中心点左右摆动一样。因此，在天文学上，我们称这种摆动为"天平动"，天平动的角度接近于8°，准确地说，应该是7°53′。

月球在轨道上运动时，天平动的角度会产生变化。在图37中，我们以点D为圆心，用圆规画一条通过焦点O和P的弧，这条弧线与轨道的交点分别为点B和F。∠OBP和∠OFP相等，也等于∠ODP的一半。因此，天平动在点B到达最大值的$\frac{1}{2}$，然后又逐渐变大，到点D和点F之间时又逐渐变小。一开始，变小的速度很慢，然后慢慢变快。到轨道的下半段时，天平动的大小变化和上半段相同，但方向相反，这就是月球的"经天平动"。此外，有时我们会在南边看到月亮的侧脸，有时则在北边看到，这是因为月球赤道平面与月球的轨道平面成6.5°的夹角，即"纬天平动"。纬天平动顶多为6.5°，就是说，我们可以看到整个月亮的59%，剩下的41%完全看不见。

借助天平动，摄影师可以将月球的立体图拍出来。之前提到过，我们必须拍摄两张照片，其中一张应该是月面中心的一点，另一张则应偏离月球经度1°，这样拍出来的图片才会是立体的，在点A和点B，点B和点C或点C和点D都是如此。在地球上，虽然可以于很多地方拍出月球的立体图片，但这些地方和月球的位相差距是1.5～2个昼夜，所以有的照片拍出来后会亮得发白。拍第一张时还被阴影笼罩着，再拍第二张时，已经从阴影中走出来了。因此，想拍出完美的月亮立体图片，必须满足两个条件：第一，月亮再于同一相位出现；第二，要确保前后两次拍摄时月面的纬天平动一模一样。

真的有第二个月球吗

　　在《环游月球记》中，著名科幻作家凡尔纳谈到了地球的第二卫星，也就是第二个月球。在他的笔下，第二个月球是一个体积特别小、速度非常快的星球，地球上的人们根本看不到它。当然，并不是只有凡尔纳一个人持此观点，报纸上曾报道，有人发现了地球的第二卫星。

　　第二卫星真的存在吗？人们众说纷纭。据凡尔纳所说，法国天文学家蒲其不仅对这种观点十分认同，还计算出了它和地球之间的距离为8140千米，围绕地球运行一周需要3小时20分钟。但是，英国的《知识》杂志彻底否定了该说法，并称蒲其这个人根本就是凡尔纳虚构的，也没有所谓的第二卫星。事实上，凡尔纳并没有捏造，历史上确实有一个叫蒲其的人，他是天文台的台长，认为存在第二卫星，第二卫星与地球的距离大概是5000千米，围绕地球运行一周所需的时间为3小时20分钟，而且是一颗流星。但在当时，几乎没有人同意这个说法，所以很快就被人们抛到了脑后。

　　下面，让我们假设第二卫星真的存在，而且离地球很近，这样它旋转时就会被地球阴影淹没，但在每个黎明和黄昏时刻，或者它每次途经月球与太阳时，我们都可以看到它。如果这颗卫星的运行速度非常快，那它过往的频率应该比月球高得多，因此我们应该可以经常看见它。假如这颗卫星真实存在，日全食的时候，天文学家也会发现它。但为什么到现在为止，都没有人见过它的踪影呢？因此，我们基本上可以得出推论：第二卫星根本就不存在。不过，如果只是从理论的角度去讨论，第二卫星是否存在与科学理论并不矛盾。

除第二卫星以外，有人提出还存在围绕月球旋转的其他小卫星。但是很遗憾，截至目前，人们仍未发现这些小卫星的踪影，天文学家穆尔顿曾说："满月时，阳光和月亮的反射光让我们根本看不清月亮周围到底有没有小卫星。当月球附近的天空没有白花花的月光，也就是月食之时，太阳光才有可能照亮传说中的小卫星，它们才会被我们发现。可是迄今为止，谁都没有发现过它。"

因此，传说只是传说。但人类这种执着探索的精神，总会为我们带来各种惊喜。

月球上为什么没有大气层

大气层环绕在地球周围，地球上的生物得以生存，月球周围却没有大气层，是什么原因呢？想回答这个问题，我们首先要弄清楚大气存在的条件。

空气由分子组成，而分子总是快速地、随机地向四面八方运动。在0℃时，分子的平均运动速度约为0.5千米／秒，和子弹出膛后的速度差不多。但因为存在地球引力（几乎所有的分子运动都用于抵抗该引力），空气中的分子被束缚于地面。

速度v和重力加速度g之间存在下列关系：

$$v^2 = 2gh$$

其中，h为高度。假如在接近地球的表面有一部分分子做竖直向上运动，速度为0.5千米／秒，那么，我们用上面的公式计算出这些分子可以达到的高度（取g=10米／秒^2），即：

$$500^2 = 2 \times 10 \times h$$

则有：

$$h = \frac{250000}{20} = 12.5（千米）$$

对于上述结果，你可能会觉得不可思议：如果空气分子的飞行高度只有12.5千米，那么，在该高度以上的空气分子是从哪里来的呢？就算是500千米的高空，仍然可以见到少量的氧气[①]。这些氧气分子到底是怎样达到500千米的高空，又在该高度上得以存留的呢？实际上，前面分析的数值只是所有空气分子的平均数罢了。在实际情况下，分子的运动速度各不相同，有的非常快，有的却异常缓慢，但绝大多数分子的运动速度都处于中间值。还是用具体的数字来说明吧：假如将一定体积的氧气置于0℃的环境中，那么，17%的

[①] 氧气大多存在于地球表面，由过氧化氢分解而成，除是被雨水带到地面而形成之外，过氧化氢也可能借助植物光合作用由二氧化碳转换而成。

分子速度为200～300米／秒；20%的分子速度为400～500米／秒和300～400米／秒；约有9%的分子速度为600～700米／秒；8%的分子速度为700～800米／秒；只有1%能达到1300～1400米／秒。此外，还有极少数的分子速度可以达到3500米／秒，但其比例不足1／1000000。根据前面的公式，$3500^2=20h$，从而有，$h=\dfrac{12250000}{20}$米，约为600千米。这意味着，那些速度最快的分子完全可以达到600千米的高度。

虽然这部分速度最快的分子可以飞到600千米的高空，但照样没办法挣脱地球引力的束缚。不管是氧气、二氧化碳、氮气，还是水蒸气，只有速度达到11千米／秒以上，才能挣脱地球的引力。即便是质量最轻的氢气，速度减少到原来的一半也需要数万年。这就是地球能吸引住大气层的原因。

接下来，我们再来看看月球周围为什么没有大气。如上所述，地球之所以能留住空气分子，就是因为地球引力，但在月球上，重力仅为地球的$\dfrac{1}{6}$。这意味着，只要消耗在地球上$\dfrac{1}{6}$的力气，空气分子就可以挣脱月球引力。计算结果显示，只要分子速率大于2360米／秒，它就可以飞到太空中。事实上，在普通的温度下，大气中的氧气和氮气分子就完全可能达到2360米／秒以上的速度。根据气体分子速度的分配定律，速度极快的分子飞散后，速度慢的空气分子也可以获得临界速度，从而挣脱月球的束缚，因此月球周围的大气层根本无法存留。假如一颗行星上的大气分子的平均速度为临界速度的

－，在月球上就是790米／秒，那么大气分子会在几个星期后全部消散。只有当空气分子的速度低于临界速度的$\dfrac{1}{5}$时，它才能在行星表面停留。由上述内容可知，由于一些小行星或行星的大多数卫星重力不够大，大气很难待在它们周围。

一些天文学家曾试图通过人工方法合成大气，并对月球进行改造，从而将月球打造成可供人类居住的"第二地球"。但月球环境的形成符合物理法则，且经历了漫长的时间，"改造它绝非易事"。

月球到底有多大

我们一般会用数字对物体的大小进行描述。很久以前，科学家就已经测算出了月球的一些数据，例如，月球的直径为3500千米，表面积为地球的$\frac{1}{14}$。

但就算有了这些数据，月球到底有多大，我们还是没办法从这些抽象的数字中得到直观的印象。那么，这个印象应该怎样去获得呢？如果将它和熟悉的事物进行对比，那就可以简单有效地获得最直观的印象。如上所述，月球和地球是"双胞胎"，所以我们可以把月球和地球进行对比。

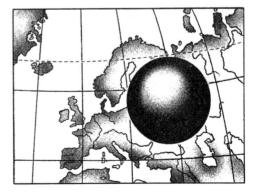

图38　月球与欧洲大陆的比较图

一片大陆覆盖在月球表面，我们将其和地球上的大陆来进行对比，如图38所示。从表面积上来看，月球比南北美洲略小一些，始终朝向我们的那一面，面积和南美洲差不多。

虽然月球的表面积并不大，它上面的环形山却非常大，比地球上的任何一座山岭都大得多。比如格利马尔提环形山，它所环抱的月面面积大于贝加尔湖，且远远超过了瑞士和比利时等小国家。

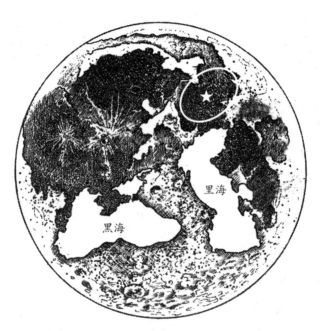

图39　地球上的海与月球上的海
的比较图。图中★为澄海

地球上的山脉不如这些环形山宏伟壮观，地球上的海洋却比月球上的"海"要气派得多。当然，月球上并不存在海洋，只是为了让我们比较起来更方便。如图39所示，这是根据比例尺在月面上画出的黑海和里海，黑海和

里海在地球上并不是很大，但如果是在月球上，它们就颇为壮观，月球上澄

海的面积约为170000平方千米，仅为里海的$\frac{2}{5}$。

通过上述对比，你们应该已经对月球的大小有所了解了吧。

月球上的奇妙风景

如图40所示，假如给我们一架直径3厘米的小型望远镜，则月面上的环形山和环形山口就会一览无遗。但在地球上看月亮，难免有雾里看花之感，如

图40　月面上的环形山

果可以在月球上亲眼见识这些景象，一定会让我们叹为观止。

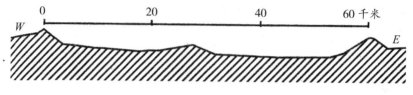

图41　月球上巨型环形山的剖面图

在远处概览全貌与在近处细致观察一个物体，感官体验是截然不同的。比如月球上的埃拉托色尼环形山，在地球上看，还有一座高山位于它的中间，只能看清它的轮廓。假如只看侧影，如图41所示，其直径大概是60千米，环形山口的直径和拉多加湖到芬兰湾的距离差不多。就算这座山很高，也不会特别险峻，因为如此长的山坡大多非常平缓。假如我们走在这个环形山口以内，甚至可能不会感觉到自己正在山上。这是因为月面的凸度遮挡了山体低的地方，令高山变成了缓坡。月球直径是地球短直径的3／4，所以，在月球上，"地平线"的范围更小，约等于地球的1／2。据此，我们可以计算出月球的地平线①范围，即：

$$D = \sqrt{2Rh}$$

其中，D为地平线的距离，h为眼睛高度，R为地球半径。一个普通人在地球上顶多能看到5千米以内的景象。将该数值代入上式，可以得出，在月球上，这个人顶多能看到2.5千米以内的景象。

图42是观察者站在一个巨型的环形山口所看到的景象。从图中可以看出，那里只有一望无际的平原，绵亘不绝的山峦铺展在地平线上。这和我

①计算"地平线"的方法，参阅本书作者著作《趣味几何学》。

们印象中环形山口的形象差别很大，难以想象这座高山竟然就是图41中的缓坡。在月面上，很多小环形山口是月球风貌的重要组成元素，但这些小环形山口并不高，这一点和环形山不一样。人们给月球上的很多山脉取了名字，如高加索、阿尔卑斯和亚平宁，它们的海拔高达七八千米，虽然地球上的一些山脉和它们差不多高，但由于月球比地球小得多，所以它们看上去异常高大。

图42　在月面上的环形山口见到的景象

月球上还有一座叫派克峰的山峰，用望远镜观测，它的轮廓非常清晰，看起来非常险峻，如图43所示。但事实上，假如有幸亲眼所见，你肯定会大跌眼镜，因为你所看到的只是一个凸出地面的小山丘而已，如图44所示。这是因为月球上没有空气，所以阴影比地球上更

图43　用望远镜观测时，派克峰看起来十分险峻

图44　若站在月面上观看派克峰，它显得十分低矮

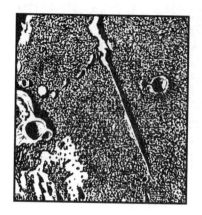

图46 望远镜中能够看到的
月面上的"直壁"

图47 若站在月面上的"直壁"脚下
看,"直壁"显得高而陡峭

图48 在月面裂口附近看到的景象

图45 半颗豆子在光线投射下长长的影子

加清晰。如图45所示,桌子上是半颗豆子,它的凹面朝下。可以看出,阴影面积为身长的5~6倍。同理,当日光照射月球表面的物体时,阴影可能是该物体本身高度的20倍。因此,就算物体的高度只有30米,我们也可以看得一清二楚。人们误以为月面上的小凹凸很高大,因为用望远镜看月球时会将其放大。

有时候,也会有相反的情形,我们可能会忽视一些重要的地形。通过望远镜,可以看到一些"缝隙",它们往往过于狭窄,所以被人们忽略。其实,它们可能是一些深不见底的岩壑,并延伸到地平线以外。在月球上,有一种叫"直壁"的断岩,如图46和图47所示,它们耸立在月面上，延伸到"地平线"以外，长达100千米，高达300米，蔚为壮观。如果只是从地球上观察，根本不会意识到这两幅图有关联。

如图48所示，这是用望远镜看到的月面裂口，它们其实只是一些巨大的洞穴。

月球的奇幻天空

月球上的天空和地球上的天空有着天壤之别。假如我们可以漫步在月球表面，一定会见识到完全不同的天空。

一、漫天黑幕

法国天文学家弗拉·马利翁曾这样描述天空：

"在湛蓝澄澈的天空下，有艳红的晨曦，壮丽的晚霞，令人陶醉的沙漠、田野和草原，如同明镜般映照着湛蓝天空的湖水。那一层轻轻的大气是这一切美景得以维系的功臣。假如没有这层大气，美好的画面都将消失得无影无踪。湛蓝的天空将化作无尽的黑暗，日出和日落时的壮丽景色也会踪迹全无。没有明显的昼夜更替，受日光照射的地方会异常炎热，日光照射不到的地方却会陷入无边的黑暗。"

地球上所见到的天空为什么会是蓝色的呢？这段文字给出了形象的解释，都是大气层的功劳。而后面那些描述，其实就是在月球上看到的天空。

不管是白天还是晚上，月球的天空被无边的黑暗笼罩，点缀着数不尽的繁星。这些星星貌似比在地球上看更加耀眼夺目，但不会"眨眼睛"，因为月球上没有大气层。而且，月球上白天的阳光炙热无比。

一些探险者曾搭乘俄国的平流层飞艇"自卫航空化学工业促进会"号，到达21千米处的高空，在那里，他们唯一能看到的就是黑色的天空。这意味着，假如大气层变薄一点，地球上的天空就不会和现在一样湛蓝了。

二、悬挂在头顶的地球

在月球上，我们会看到一个巨大的地球悬在空中。地球曾经被我们踩在脚底下，如今却挂在我们头顶。事实上，这没什么可奇怪的。在宇宙中，本来就没有绝对的上下关系。如果我们站在月球上，对我们来说，地球就是在上面。

那么，从月球上看地球会怎样呢？在普尔柯夫天文台，一位叫季霍夫的天文学家曾做过专门的研究，他描述道：

"从其他星球上看地球，会看到一个发光的圆盘，却看不到地球上的任何细节。这是因为在日光照射地球时，它会在抵达地面之前被大气和一些杂质漫射到空中。虽然地面本身也反射光线，但被大气漫射后会变得非常微弱。"

因此，假如从月球上看地球，将会看到在云朵半遮半掩之下的地面，任何细节都看不清楚，因为大气层漫射了日光，让地球看起来格外明亮。很久以前，人们一直觉得月球上看到的地球应该和地球仪一样，可以看清地表景观的轮廓，这显然是不正确的。

此外，我们在月球上时会觉得地球特别大，相对于在地球上看月球，此时看到的地球直径是其直径的4倍，面积为其面积的14倍。地表的反射能力也远远超过月球，约为月球的6倍，所反射的阳光明显比月球反射的阳光多。因此，相对于满月光辉来说，从月球上看地球的亮度是其亮度的89倍[①]。意思就是，相当于同时大约有90个满月在夜空照向地面，再加上没有大气层的阻挡，这样的夜晚该是何等明亮！在地球的"照射"下，就算是夜晚，月球上也和白天一样明亮。事实上，我们之所以能在地球上看到400000千米之外的新月的凹面，多亏了地球反射光的照射，即使日光照射不到的地方也可以看到微光。

你们还记得前面提到过的月球公转吗？自始至终，月球只有一半朝向地球。因此，地球始终会悬在月球上空的某个位置，不会和其他星星一样有升有落，这是在月球看地球时所表现出的另外一个特征。但地球后面有无数星星在旋转，一个周期约为$27\frac{1}{3}$个地球昼夜；太阳也在旋转，一个周期约为$29\frac{1}{2}$个地球昼夜；其他一些行星也在慢慢旋转，只有地球静静地躺在黑色的天幕之下俯视月亮。在地球上，我们随时都可以看到月亮，在月球上却不然。如果你在月球上的某点看到地球悬在头顶，那么地球会一直悬在头顶；如果你在另一个地方看到地球处在地平线上，就说明地球会一直在地平线上。

在月球上，有时候也可以看到地球的摇摆。例如，在月球上，地球仿佛会于"地平线"的地方下沉，但很快又会升起。于是，就画出了一条奇怪的曲线，如图49所示。事实上，这应该归因于月球的天平动。在月球的天空中，地球并不是一动不动的，而是在一个平均位置附近摆动，南北摆动角度

[①] 丁泽尔在《讨论光线》中写道："日光即使被黑色物体反射，仍然是白色的。所以，虽然月亮被阴影淹没了，看上去仍然像一面银盘。"事实上，月球上土的反射日光的能力得益于漫射，反射能力和潮湿的黑土有很多相似性。尽管如此，这也只稍弱于维苏威火山的岩浆漫射。月光是白色的，很多人认为月球上的土也是白色的，但它其实是黑色的，这一点并不矛盾。

图49 月球的"地平线"，地球有时沉下去，瞬
间又升起来，图为地球运动路线

约为14°，东西摆动角度为16°。除了"地平线"上之外，这种现象不会出现于其他任何地方。虽然地球会一直停留在某个地方，但它的自转周期还是24小时。因此，如果我们在月球上透过大气观察地球，完全可以把地球当成时钟，而且十分准时。

之所以说"月有阴晴圆缺"，是因为在地球上看到的月球会发生变化。其实，在月球上看地球时也会看到这种情景，因为地球相对月球也会发生位相变化。在月球上看地球时，也会有圆盘或新月状，形状的宽窄取决于有多少地球被太阳光照射的部分面对月球。此外，在地球上看到的月亮形状正好和在月球上看到的地球形状相反。例如，朔月时，在地球上看不到月亮，在月球上则一定能看见"满地"，即一个圆圆的地球；反之亦然，在地球上看见满月时，在月球上就会看到"朔地"，即带着明亮圆圈的黑色圆球，如图50所示。

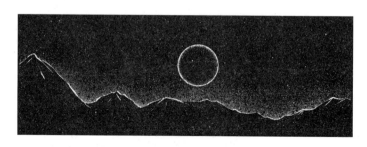

图50 月球"朔地"示意图

如前所述，受到地球大气层对太阳光的漫射作用，我们完全看不见朔月，此时的月球往往位于太阳上下（有时相离5°，大约是其直径的10倍），而且，此时的月球会有一条在太阳下显得格外明亮的银线。太阳光太亮了，这条窄边很容易被遮盖，所以只有在春天的某些时段，我们才有幸目睹，这往往发生在朔月的后两天，此时的月亮其实早就离太阳非常遥远了。在月球上看地球则是另一番景象。月球上没有大气，所以太阳周

图51　只要不发生日食，地球就一定会出现在黑色的天空，露出它狭窄的面孔

围就没有光芒，恒星和行星自然不会消失，只要不发生日食，地球就一定会出现在黑色的天空，如图51所示。假如在月球上看地球，"朔地"的两角就是背向太阳的，而且会和地球一起向太阳的左侧移动。我们的肉眼和月球与太阳的中心并不在同一条直线上，所以如果在地球上用望远镜观察月球，可以看到以下现象：和正圆形相比，满月时的月面少了一条窄边。

三、月球上的食象

日食或月食是地球上经常见到的现象，月球上也是如此吗？

当然，月球上也有两种食象，即日食和地食。当地球位于太阳和月球的连接线上时，我们会看到月食，月球笼罩在地球的阴影之下，在月球上则能看到更精彩的日食。此时，在天空中，一条紫红色的边会出现在那个黑色圆形的球面，如图52所示。大家都知道，月食时，在地球上也可以看到一圈樱红色的光在月亮黑色的圆盘边缘闪烁，这是由地球上的大气形成的紫红色光

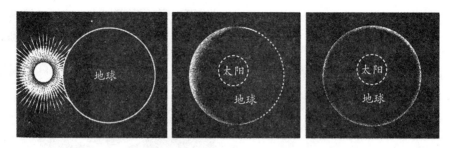

图52　月球上的日食

进行照射所导致的。

　　在地球上看到月食的同时，会在月球上看到日食，所以月球上的日食时间也和地球上的月食时间相等，都是4小时，地球上的日食和月球上的地食时间却只有短短几分钟。月球上发生地食时，只能看到一个小黑点不停地在地球圆面中移动，小黑点移动的轨迹就是地球上可以看到日食的位置。

　　在太阳系中，只有地球或月球上才会发生食象，其他任何一个行星均不具备形成条件，即当太阳被月球遮挡时，月球到地球与太阳到地球的距离之比和月球和太阳的直径之比相差无几。

天文学家为何钟情于研究月食

我们有时会看到月亮好像少了一部分，原因在于：当月球在地球的背光面时，部分太阳光会被地球遮挡住，大家熟悉的月食就会随之出现。

若干世纪以前，人们在研究月食的过程中发现地球是圆的。图53所展示的就是一些古天文学书籍对有关月面上的阴影和地球形状之间关系的记载，麦哲伦数年艰难的环球航行即建立于这个基础之上。一个参与麦哲伦环球航行的人曾说："教会一直教导我们，地球是个四面环水的大平面，麦哲伦却对自己的观点深信不疑。他认为，月食的出现说明地球的影子应该是圆形的，如果影子是圆形的，那么这个物体本身也应该是圆的……"

截至目前，热衷于观察并研究日食的天文学家仍不在少数。令人匪夷所思的是，月食的次数大约是日食的2/3，却几乎没有人去观赏。因为我们只要看到了月亮半球，就可以看到月食，而且世界各地可以同时看到月面状况。当然，在不同的时区，看到月食的时间也不同。

太阳光会偏折在锥形的阴影中，所以发生月食时，我们还是可以看见月亮。此时月球的亮度和颜色引起了天文学家的强烈兴趣，他们研究后发现，

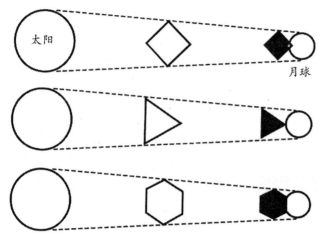

图53　月面上的阴影是由地球形状决定的

太阳黑子的数量会对月食时月球的亮度和颜色产生影响，而且，可以测量出无太阳光照射的月面冷却的速度。

通过以上讨论，相信大家已经对月食研究的重要性有了一定的了解。

在浩瀚无际的宇宙中，未解的难题和未知的事物依然不计其数，只要不断地对月食进行研究，我们就一定会有更多的发现。

天文学家为何对研究日食情有独钟

为了研究日食，只要听说哪里即将出现日食，天文学家就会马不停蹄地赶去，无论是在世界上的哪个角落。例如，1936年6月19日，日全食只能在俄国境内看到，因此有10个国家的70位科学家，不远万里地从世界各地赶到俄国，来观察历时两分钟的日全食。其中，有4个远征队正好碰到了阴天，没办法进行观测，最后只能抱憾而归。当时，俄国投入了大量的人力、物力，组建了30个远征队。就算是在第二次世界大战期间，在战争环境如此恶劣的情况下，俄国仍然组建了远征队奔赴可以观测到日食的地方。1941年，在拉多加湖至阿拉木图一带可以观测日食，俄国天文学家的身影就遍布整个日全食地带。1947年5月20日，巴西出现了日全食，俄国也组建了远征队去观测。天文学家之所以对研究日食如此情有独钟，是因为日食的发生频率非常低。

那么，到底什么是日食呢？有时，在月球的遮挡下，日面变暗，甚至彻底消失，这就是日食。而我们所说的"日全食地带"，就是月球投影到地球上、能观测日食的范围，不到300千米。要想在同一地点观测到两次日食，至少要相隔二三百年，而且日食的时间很短。可想而知，观测日食尤其是日全食有多难。

当太阳被月球挡住时，月球后面的锥形长影恰好到达地面，此时，月球到地球和太阳到地球的距离之比正好与月球和太阳的直径之比相等。只有满足这个条件，月影锥尖划过的地点才能看到日食，如图54所示。

对于月影的平均长度来说，日全食根本不可能出现，因为月影的平均

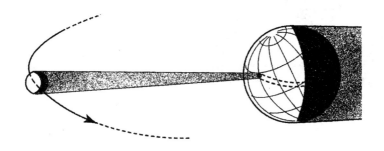

图54 月影的锥尖划过的地方可以观测到日食

长度比月球到地球的平均距离小。幸运的是，月球绕地旋转轨道是一个椭圆形，它和地球的最短距离为356900千米，最长距离为399100千米，二者相差42200千米。所以，月影的长度才有机会大于月球到地球的距离，我们才有幸能观测到日全食。

至于天文学家们为何对日食如此痴迷，其中一个非常重要的原因就是，日食可以为天文学提供很多宝贵的数据和研究机会。

（1）观察"反变层"的光谱。正常情况下，太阳光谱是一条带有大量暗线的明亮谱带，但在日食过程中，太阳会完全被月亮挡住几秒钟。此时太阳光谱会变成一条有大量明线的暗谱带，吸收光谱就会摇身一变，成为发射光谱。一般来说，我们称发射光谱为闪光谱，它常被科学家用来判断太阳表层的性质。在日食过程中，可以清楚地看到这种闪光谱，这对太阳外层性质的研究作用重大。所以，天文学家往往把每次日食都视为千载难逢的好机会。

（2）研究日冕。日冕只有在日全食时才能观察到。太阳外层存在日珥，它是一种和火相似的凸出物。此时，日冕在日珥周围的黑色月面上呈现为五角星状，中心是黑暗的月面。日冕的形状会不太一样，这是由太阳活动的大小所决定的。日冕在太阳活动的极大年，会接近圆形，在太阳活动的极小年，则会变成椭圆形。如图55所示。日食时，我们可以观察到大小不一、形状各异的珠光，有时甚至比太阳的直径长得多。1936年的一次日食，当时人们观察到的日冕就非常

图55　日全食时，黑色月面
周围的日冕

亮，甚至比满月还要亮，珠光的长度起码是太阳直径的3倍，有的甚至更长，这种景象极其罕见。

迄今为止，科学家们在日冕的性质这个问题上尚没有达成一致意见。因此，他们只好在日食时将照片拍下来，这样就可以在研究亮度和光谱的同时，也研究它的构造。

（3）验证广义相对论在推论天体位置时的正确性。根据广义相对论，经过太阳时，星光在太阳强大的引力下会偏离初始位置，其他天体的位置也会有相应的变化，如图56所示。目前，我们只能在日全食时才能验证这个问题。但截至目前，上面的推论仍然无法获得证实[①]。

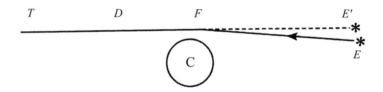

图56 相对论的推论之一。在太阳的引力作用下，光线会偏离初始位置。根据相对论，站在点T的人看到的星光路径为E'FDT，但其实为EFDT。图中，C指太阳，假如没有它的引力，星光就会沿直线EF射向地球

此外，日全食还具备极高的艺术观赏价值。俄国作家柯罗连科曾在书中对日全食进行过描述，里面记载了1887年8月，他在伏尔加河岸的尤里耶韦茨城观赏到的日全食，以下内容即摘自该著作：

[①] 本文所述的星光偏折已经得到了证实，在量的方面却无法和相对论达到完全契合。观测结果证实，在有关这一现象方面，该理论还有待必要的修正。

太阳淹没在一朵巨大而又朦胧的斑状云中，再次从云里探出脑袋时，已经缺了一块……

此刻，天空仿佛笼罩在一片烟雾之中，耀眼的光芒也变得柔和无比，我甚至用肉眼就可以观察到。周围静悄悄的，安静得连我自己的呼吸声都可以听到。恍然未觉，已是半个小时之后。天空的颜色一如刚才，浮云再次遮住了那悬在高空又弯弯的太阳。年轻人们变得兴奋异常，老人们则唉声叹气，人群中响起了牙疼般哼哼的声音。

天色越来越暗。人们开始惊慌失措，河上轮船的轮廓已经变得模糊不清。光线愈加昏暗，仿佛进入了黄昏。景色愈加模糊，青草褪去色泽，远山时隐时现，太阳也变得越来越弯曲，但我们仍然觉得这只是一个略微昏暗的白天。此时，那些关于日食的说法浮现在我的脑海中，他们所说的天昏地暗实在是太夸张了。此刻，太阳只剩下一小条。我想，如果这一小条也不见了，世界是不是会变成一片漆黑呢？

忽然，这一小条真的消失了，整个大地骤然笼罩在浓重的黑暗之下。我看到大片阴影从南面蹿出来，所有的山冈、河流和田野瞬间就淹没于黑暗之中，宛如一条巨大的被单。此时，和我一同站在岸边的人都陷入了沉默，人群也成了密实的黑影……

这和夜晚很像，却不是真正的夜晚，没有月光，自然也没有树影。仿佛有一张非常稀薄的网从空中垂下来，貌似也有一些纤细的灰尘从天而降。有一些微光闪烁在一侧的天空，为大地带来了一点点光明。此时，空中乌云密布，就像里面激斗正酣……而一丝光亮在黑暗的背后若隐若现，让那些景色重新变得生机勃勃。太阳被拉着在天空中狂奔，就像被一只无形的手抓住了一样，云也仿佛受到了惊吓，在空中仓皇而逃。

大家应该都听说过人工日食，就是将一个不透明的圆片放在望远镜里，目的是把太阳挡住，看上去和日食差不多。看到这里，你可能会有这样的想法：既然用人工的办法就可以得到日食，还有必要耗费如此多的人力和物力去观测自然界的日食吗？事实上，人工日食并不能完全替代自然界中的日食。抵达地面之前，太阳光线会先穿越大气层，并发生漫射，然后我们才能看到蔚蓝色的天空。虽然人工日食也可以挡住照射过来的阳光，却无法挡住周围的漫射光线。而对于自然界，月球比大气边界远了好几千倍，这一屏障可以彻底将太阳光线挡在外面，所以日食发生时不存在漫射光线。严格地说，少许的漫射现象也存在，但漫射而来的光线量相当少，进入暗影区的则更少。因此，就算是在日全食时，天空也不会变得黑漆漆的。

日月食为什么会每18年出现一次

早在数千年前，古巴比伦人就发现，每隔18年零10天，日月食会出现一次，他们称这一现象为沙罗周期。沙罗周期因此成为古人预测日月食的工具。虽然沙罗周期早就被发现了，但直到近代，人们才研究出它的成因。

一个月是指月球绕地球运行一周的时间。在天文学上，人们形容一个月时会用到5种不同的时间间隔，朔望月和交点月是其中两种，也是我们接下来要介绍的。

（1）朔望月。指的是两次相同的月面相位之间的间隔时间，即在太阳上看月球绕地一周所花的时间，相当于相邻两次朔月出现之间的时间，为29.5306天。

（2）交点月。这里的"交点"，指的是地球公转轨道与月球绕地轨道的交点。交点月指的是从"交点"开始，月球绕地一周后再返回"交点"的时间，为27.2123天。日食和月食形成必须满足一个条件，即朔月或望月正好落在交点上，此时，月球中心、地球中心和太阳中心正好在同一条直线上。换言之，对于相邻两次同样的月食，间隔的时间包含的朔望月和交点月一定是整数。

该间隔时间可以通过以下方程进行计算：

$$29.5306x = 27.2123y$$

其中，x、y为整数。将该方程更改为比例式：

$$\frac{x}{y} = \frac{272123}{295306}$$

在上述比例式中，29.5306和27.2123没有公约数，所以最小整数答案为：

$$x = 272123$$
$$y = 295306$$

如果只看这两个数，就是数万年的时间，这对我们预测月食来说毫无意义，因此天文学家常常取它们的近似值：

$$\frac{295306}{272123} = 1\frac{23183}{272123}$$

在剩下的分数中使用分子和分母除以分子：

$$\frac{295306}{272123} = 1 + \frac{23183 \div 23183}{272123 \div 23183} = 1 + \cfrac{1}{11 + \cfrac{17110}{23183}}$$

再将分数$\frac{17110}{23183}$的分子和分母除以分子，循环往复，就能够得到下面的式子：

$$\frac{295306}{272123}=1+\cfrac{1}{11}+\cfrac{1}{1}+\cfrac{1}{2}+\cfrac{1}{1}+\cfrac{1}{4}+\cfrac{1}{2}+\cfrac{1}{9}+\cfrac{1}{1}+\cfrac{1}{25}+\cfrac{1}{2}$$

我们只取前面几节，得到部分近似值：

$$\frac{12}{11}，\frac{13}{12}，\frac{38}{35}，\frac{51}{47}，\frac{242}{223}，\frac{535}{493}\cdots$$

第五个近似值已经足够精确，可以满足要求了，但如果接着进行计算，结果就会更加精确。假如采用这组数值，即$x=223$，$y=242$，就可以得出：月食周期为223个朔望月或242个交点月。如果换算成年，就是18年零11.3天或10.3天（在此期间，可能存在4到5个闰年）。

上述内容就是沙罗周期的原理。计算结果显示，这一原理并不准确。所以，我们会以18年零10天为准，即将沙罗周期减掉0.3天。在此基础上进行计算，第二次出现同样日月食的时间会比实际情况晚8小时。

倘若连续三次使用沙罗周期来计算，得到的结果会正好和实际情况相差一天。月球到地球的距离和地球到太阳的距离都在不断地发生变化，并呈现一定的周期性，这在沙罗周期中并没有得到体现。换言之，沙罗周期只能用来推算下次日月食发生的具体时间，却很难预测发生的到底是月偏食、月全食，还是月环食，更无法预测它在地球上出现的具体地方。此外，如果上一次出现的日偏食面积非常小，那么在18年后，我们可能会因为日食面积太小而观测不到。当然，情况也可能正好相反：18年前没有看到日食，18年后，人们却在同一天看到了非常小的日偏食。

随着科学的不断进步，天文学家们对月球运动的研究已经非常透彻，甚至还能预测日月食发生的准确时间，与实际相差还不到一秒钟，这意味着沙罗周期可以退出历史舞台了。

太阳和月亮同时出现在地平线上

一位天文爱好者曾声称，1936年7月4日，他在观测月偏食时看到太阳和月亮同时位于地平线上。你可能会觉得他是在胡说八道，如上所述，发生食相时，月球、地球和太阳位于同一条直线上。但我要肯定地告诉你，这件事确实是真的。

其实没什么好奇怪的，我们所说的月球和太阳同时出现，不过是地球大气层和我们开的一个玩笑而已。地球上的大气会使其中的光线发生偏折，这种偏折称为"大气折射"。在大气折射的影响下，天体的位置看上去比实际位置高（参见图15）。因此，虽然我们看见太阳或月亮在地平线上，但它们其实仍然在地平线以下。

法国天文学家弗拉·马利翁也曾说过："在1666年、1668年和1750年发生的数次日食中，这些现象表现得尤其明显。"事实上，1877年2月15日发生月食时，在巴黎，日落的时间为5时29分，此时月亮已经升起，但当月全食开始时，太阳仍然处于地平线以上。1880年12月4日，在巴黎，人们再次亲身目睹了这种现象：月食在下午3时3分开始，4时33分结束，月亮升起的时间为下午4时，日落的时间则为4时2分，此时的月球恰好位于地球阴影的中心。

想看到类似的景象并不难：如果月全食是在太阳还没落下或已经升起时出现的，只要站在能够看见地平线的地方，就能观察到这一奇观。

与月食有关的情况

【问题】是否会存在这种情形：一整年没有月食？

【解答】这种情形再常见不过了，一年都看不到月食的情况大约5年就会出现一次。

【问题】月食最多能持续多长时间？

【解答】从初食到复原历时约4小时，但如果是月全食，顶多1小时50分。

【问题】在1年中，日月食最多出现几次？

【解答】在1年中，日月食起码会出现2次，最多不超过7次。

以1935年为例，当年一共出现了5次日食和2次月食。

【问题】月食开始的地方是右侧还是左侧？

【解答】在南半球，最先进入地球阴影的是月球右侧，即月食从右侧开始，北半球则正好相反。

与日食有关的问题

【问题】是否会出现这种情形：一整年都没有日食？

【解答】不可能，日食一年起码会发生2次。

【问题】日食最多能持续多长时间？

【解答】赤道地区的日食持续的时间最长，为7.5分钟，从初食到复原结束约为4.5小时，高纬度地区的日食持续时间要稍微短一些。

【问题】观测日食时，为什么要放一块熏黑了的玻璃呢？

【解答】这是因为太阳光线非常强烈，就算一部分光线会因为日食被月影而遮挡，但直接用肉眼观测，视网膜上最敏感的部分仍然会被灼伤，甚至对视力造成永久且不可恢复的损伤，熏黑了的玻璃则可以帮助眼睛免受损伤。操作非常简单，用蜡烛把玻璃熏黑，只要透过这块玻璃仍然可以看见日面就行了。透过熏黑的玻璃，我们既可以观看日食，又可以保护好自己的眼睛。我们没办法事先弄清楚太阳的亮度，所以最好多准备几块黑色浓度不同的玻璃。

除熏黑的玻璃之外，我们还可以将两块不同颜色的玻璃重叠后放在一起，而且颜色最好互补，当然，用黑暗适中的底片也行。但要注意的一点是，普通的太阳镜或护目镜起不到保护眼睛的作用，所以它们不能用来观测日食。

【问题】日食时，我们可以在日面上看到一个黑色的月影不断移动。那么，该月影是向左还是向右移动呢？

【解答】在北半球，该黑色月影会从右向左移动，即初亏（月影和太阳最初的接触点）始终在太阳右侧。在南半球，情况就正好相反，会从左向右移动，如图57所示。

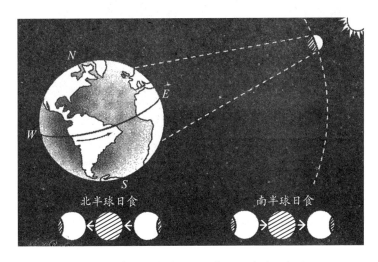

图57　发生日食时，日面上月影移动示意图：
在北半球观测，月影会从右向左移动。但如果
是在南半球，月影会从左向右移动

【问题】日食时，太阳的月牙形和蛾眉月的月牙形有区别吗？

【解答】当然有区别。日食时，太阳的月牙形，其两边均来自同一个圆圈，即它上面的两道弧（请参考"画错的月亮"一节）。蛾眉月的月牙形则两边不一样，凸出来的外边为半圆形，凹下去的内边为半椭圆形。

【问题】如图58所示，日食时，树叶影子中的光点为什么会是月牙形？

【解答】实际上，树叶影子中的光点是太阳的成像，所以这些光点的形状会随着太阳形状的变化而变化。日食时，太阳会变成月牙形，光点自然也是月牙形。

图58 日食时，我们可以看到树叶影子中的光点为月牙形

月球上的天气

　　在地球上，云、雨、风等天气现象都是依赖大气而存在的，月球表面没有大气层，因此月球上并没有我们通常所谓的天气，只有月面土壤的温度才能算作天气。现在，科学家可以在地球上将月球的温度准确地测量出来。测量时，只需要一根导线就可以了，是不是特别简单？这根导线由两种不同金属焊接而成，根据热电现象原理，假如导线上的两个焊接点的温度不同，就会有电流从导线中穿过，其电流强度随着两个焊接点温差的增加而增大。此时，只要将电流的强度值测量出来，就可以得到被测目标传到导线上的热量。虽然仪器非常小（作用部分仅为0.1毫克，长度不到0.2毫米），但非常敏感，甚至可以将宇宙中13等星传到地球的热量测出来。要知道，13等星和地球隔得非常遥远，只能发出极其微弱的星光，仅为肉眼可见光最弱亮度的 $\dfrac{1}{600}$，只有用望远镜才能观测到。尽管13等星传到地球的热量和一支蜡烛在几千米之外发出的热量差不多，这种仪器仍然可以接收到它们的热量，使自身升温约千万分之一摄氏度。这种仪器不仅可以测量远处天体的温度，还可

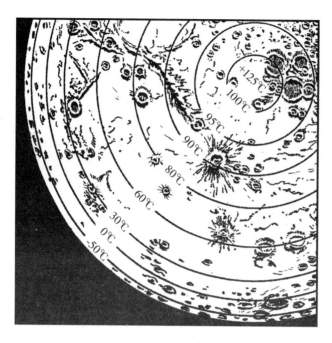

图59 满月时月面的中央部分温度达到110℃，远离中心的位置温度则快速下降

以测量出单一天体不同位置的温度。

在望远镜的帮助下，我们可以观测月球的部分影像，观测时只要将仪器放在望远镜中图像的位置，就可以将相应位置的热量测量出来。天文学家可以用这个方法测量出月球温度，精确到10℃。图59所展示的就是测得的月面温度。满月时，月面中心的温度可高达110℃，这甚至高于一个大气压下水的沸点。因此，一位天文学家曾开玩笑说："如果我们生活在月球上，月面中心的每块岩石都可以当炉子用，所以烹制食物时压根儿不需要炉子。"月面上其他位置的温度，与它到月面中心的距离成反比。月面中心附近的温度慢慢地下降，在与月面中心相距2700千米时，温度仍然高达80℃。但如果离得非常远，温度下降的速度就会迅速加快。比方说，月面边缘的温度为−50℃，在没有光照的阴面，温度会低至−153℃。

月球上的温差非常大，但如果是在地球上，就算没有光照，温度也顶多下降2℃～3℃，这一切都是大气层的功劳。而对于月球来说，月食时，表面接收不到太阳光的照射，所以温度会下降得非常明显。在一次月食时，有人曾对月面温度进行过测量。结果表明，在短短的1.5～2小时内，月面温度就从

70℃下降到－117℃，相差近200℃。月球上之所以有如此惊人的温差，主要是因为没有大气层的保护。此外，月球上物质的热容量很小和导热性较差也是原因之一。

综上所述，如果想在月球上生活，除了要克服空气问题这个难关，还要想办法消除巨大温差的影响。

第三章

关于行星

白天能看见行星吗

白天能看到行星吗？当然可以！虽然没有夜晚时那么清晰，天文学家们却经常这样做。比方说，如果要在白天观察木星，只需要满足一个条件就可以：望远镜的目镜半径大于10cm，甚至还可以将木星上的云状带区分开来。至于水星，白天反而比夜晚更加清晰。这是因为晚上时，水星在地平线以下，有时还会受到大气层的影响，所以很难看清楚，有时甚至根本看不到。不过，水星在白天位于地平线以上，比在夜晚观察时更容易。

观察行星一点儿也不难，有时甚至一眼就能观察到。以全宇宙中最亮的行星，即金星为例，我们可以在它最亮时用肉眼就观测到。法国天文学家弗朗索瓦·阿拉戈之前讲过一件事："那天中午，金星出现在空中时吸引了很多人的目光，拿破仑因而受到了冷落，对此大为光火。"用肉眼观察金星不需要专门去空旷的地方，在都市的街头就可以，而且说不定效果更好，此时它更容易被发现。这一点是由金星的亮度所决定的，因为金星非常明亮，如果是在街道上观察，道路两旁高大的建筑物会挡住阳光，必然会削弱日光直射的威力，在一定程度上保护人们的眼睛，所以观察起来更简单。

金星可以用肉眼直接观测，所以在历史中留下了很多记录。例如，俄国的文献资料《诺夫哥罗德编年史》中有这样的记载：

"1331年，白天观测到了金星。那么，白天看到金星有什么规律吗？根据科学考察，人们发现，大约每隔8年，就可以在白天看到金星。"

亲爱的读者朋友们，如果你对宇宙感兴趣，也喜欢观测行星，那就好好把握这个8年一遇的机会吧。那时，你不但可以看到金星，甚至还能看到水星和木星。

我们已经了解了行星的亮度，有人或许会问：金星、水星和木星相比，到底哪个更明亮？它们出现的时间不同，所以根本没有可比性。天文学家们观察并研究了这一问题，结果显示，五大行星的亮度从强到弱依次为金星、火星、木星、水星、土星。

接下来，我们会分别讨论它们的情况。

关于行星的古老符号

如图60所示，这是天文学家们至今仍在沿用的古老的符号，它们分别代表宇宙中的太阳、地球和行星等，现在，我们就来看看它们各自的含义。

显而易见，图中第一个符号代表月球；第二个符号代表水星，图标为墨丘利手执挂杖，墨丘利是水星的保护神，也被人们视为天上的商业神；第三个符号是一面手镜，代表金星，该图标代表女神维纳斯，象征爱与美；第四个符号是矛与盾的符号，代表火星，因为战神马尔斯是火星的保护神；第五个符号是草体字母Z，代表木星，该符号最特殊，既不代表任何东西，也不是一个简单的字母，它代表的是宇宙之王宙斯；第六个符号代表土星，按照弗拉·马利翁的说法，这是"时间的大镰"被扭曲后的形象。

月　　球	☾
水　　星	☿
金　　星	♀
火　　星	♂
木　　星	♃
土　　星	♄
天 王 星	♅
海 王 星	♆
冥 王 星	♇
太　　阳	☉
地　　球	♁

图60　太阳、月球以及
各大行星的符号

人们早在公元9世纪就开始使用这些符号，后来又增加了一些新的符号，因为在不断发现宇宙中的其他行星。天王星的符号是将一个H画在圆圈上，设计者以此纪念发现者赫歇尔（Herschel）。海王星的符号是三股叉，代表海神波塞冬。冥王星发现得最晚，它的符号包括两个字母PL，代表地狱之神普鲁托（Pluto）。

除了上述行星，我们还应该加上最熟悉的地球和太阳。不过，它们的代表符号（图60中最下方的两个符号）很简洁，非常易于辨识。早在几千年以前，古埃及人就设计并开始使用太阳符号。至于其他内容，我们就不再介绍。

事实上，除了代表行星，以上符号还可以用来表示一周中的每一天。这在西方是非常有意思的现象。例如：

太阳的符号——星期日　　　　木星的符号——星期四

月球的符号——星期一　　　　金星的符号——星期五

火星的符号——星期二　　　　土星的符号——星期六

水星的符号——星期三

或许，有的读者会问，为什么要用这七个符号表示一周中的七天呢？

如果你对法文或拉丁文有所了解，也许就能理解其中的联系了。例如，在法文中，Iindi是周一，意思是月球日；mardi是周二，意思是火星日。此外，古代的炼金术士表示金属时也会使用这些符号，借此纪念不同的神灵。例如：

太阳的符号——金　　　　　　火星的符号——铁

月球的符号——银　　　　　　木星的符号——锡

水星的符号——水　　　　　　土星的符号——铅

金星的符号——铜

除了用来表示一周中的各个日期与金属，动植物学家还使用这些行星符号来表示雄性、雌性等概念。例如：

火星的符号——雄性　　　　　　木星的符号——多年生的草本植物

金星的符号——雌性　　　　　　土星的符号——灌木和乔木

太阳的符号———一年生的植物

由此可见，行星符号的应用非常广泛。

画不出来的太阳系

世界上无法用纸笔描绘出来的东西非常多，比如太阳系。有的读者或许会说，我们不是经常看见那些与太阳系有关的图片吗？事实上，那并不是完整的太阳系，更具体地说，那只是被扭曲后的行星轨道图而已，行星本身难以在纸上表现出来。

从本质上来说，我们可以把太阳系看成一个巨大的天体，里面有一些微小的颗粒，相比于行星之间的遥远距离，它们的体积简直不值一提。为了进行研究，现在我们等比例地缩小太阳系和行星，并将其呈现在纸上，如图61所示。

在1：15000000000的比例尺下，地球直径约为1毫米，类似别针头大小，月球的直径仅为$\frac{1}{4}$毫米，和地球的距离为3厘米，太阳则大得多，直径大概是10厘米，与地球的距离约为10米。如果我们将这张纸看成一个大厅，太阳的大小就和一个网球差不多，位于大厅的一角。在距离太阳10米的位置，地球就像一个小别针头，位于大厅的另一边。很明显，在整个宇宙中，空间十分

图61　太阳和行星的相对大小图，在此图
中，太阳的直径为28厘米

空旷，行星占据的空间实在微不足道。虽然水星和金星位于网球和别针头之间，但它们也小得可怜。水星的直径约为 $\frac{1}{3}$ 毫米，它在距离网球4米的地方，金星是和地球差不多大的另一个别针头，与网球之间的距离为7米。因此，它们不会对整个大厅的布局产生任何影响。

不过，我们不能忽略一颗行星，那就是火星，它的直径大约为 $\frac{1}{2}$ 毫米，和网球相距16米，和地球相距4米。大约每隔15年，火星就会和地球彼此接近一次。火星有两颗卫星，但在太阳系模型中，火星四周空荡荡的，什么都没有，因为这两颗卫星实在太小了，如果等比例缩小，压根儿就呈现不出来。此外，该模型中还有很多像细菌一样的行星，它们环绕在火星与木星之间，距离太阳约28米。

事实上，木星的体积非常大，但在模型中，直径仅为1厘米，和榛子差不多大，和网球之间的距离为54米。它的附近有4颗卫星，分别距离3厘米、4厘米、7厘米、12厘米，其直径大约为$\frac{1}{2}$毫米。此外，还有一些细菌般的卫星，它们与木星的距离不到2米。在上述模型中，木星系统的半径约等于2米，而"地球——月球"系统的半径大约为3厘米。现在，你们应该知道，在纸上将太阳系绘制出来有多难了吧？如果绘制在纸上，土星和太阳相距100米，它的直径仅为8毫米，光环宽约4毫米、厚约0.004毫米，在它表面1毫米的范围内分布着9颗卫星，运动半径为0.5米；天王星和一颗绿豆差不多大，它和太阳之间的距离为196米；海王星的体积和天王星差不多，但它离太阳更加遥远，大概是300米；冥王星的半径比地球稍微小一些，它和太阳离得最远，约为400米。

此外，该模型中还有很多彗星，它们也绕太阳运动，运动轨迹为椭圆形。公元前372年、1106年、1668年、1680年、1843年、1880年、1882年（这一年出现了两颗）和1887年，彗星都曾出现过。彗星绕日周期约为800年，和太阳之间的最小距离和最大距离分别为12毫米和1700米。所以，该模型的直径必须≥3.5千米，才能将上述彗星也囊括在模型中。而在这么大的模型中，我们只看到了1个网球、2颗小榛子、2颗绿豆、2个别针头和3颗更渺小的微粒。很明显，绝对不可能将整个太阳系等比例地缩小到一张纸上。

水星上为什么没有大气

行星自转一周的时间看似与大气毫无关系，实际上，它们关系密切。下面，我们就以离太阳最近的行星——水星为例，来对这种情况进行具体分析。

众所周知，重力是大气存在的必要条件。水星是一个独立的行星，表面有重力，所以大气可以在水星上存在，而且大气的成分和地球差不多，只是密度比地球小。在水星上，为了克服重力，大气分子的速度起码要达到4900米／秒。然而，地球上的大气分子全都无法达到这个速度。

事实上，水星上并没有大气。月球同样如此，也没有大气，二者成因相同。月球绕地球公转，水星绕太阳公转，所以它们永远只有一面朝向所环绕的天体。水星朝向太阳的一侧始终是白天，另一侧则一直是漆黑一片。水星和地球相比与太阳的距离更近，该距离约等于太阳和地球之间距离的 $\frac{2}{5}$，所以，水星的白天异常炙热，表面太阳光照的热力为地球的6.25倍。它的另一面则天寒地冻，我们在实验中得知，这一面的温度约为 $-264℃$。在昼夜交替的中间部分，时冷时热，忽明忽暗，这条狭长地带的宽度大约是23°。因此，水星上无法和地球一样存在大气。因为在水星的黑暗面，气温非常低，所以气体会凝结成固体，大气压力也非常低；而在光明面，气温很高，所以气体会发生膨胀，慢慢流向黑暗面，而到达黑暗面时，又会在低气温的影响下发生固化。这样一来，水星上的气体就全部变成了固体，并以固体形态存在于黑暗面。于是，整个水星上的大气消失不见了。

同理，月球上也没有大气，因为光明面的大气流到了黑暗面，并最终变成固体，直至消失不见。威尔斯在小说《月亮里的第一批人》中有这样一段描述："月球上也有空气，但不同的是，这些大气变成液体后不断固化，只有在白天时才感觉得到。"对此，霍尔孙教授并不认同，他说："月球上根本没有空气，更不可能感受到空气，因为大气会在月球的黑暗面固化，空气则会在光明面不断膨胀，并流到黑暗面继续固化，所以月球上绝对不存在大气。"

水星和月球上不存在大气，这是有科学依据的。金星上却存在大气，在它的平流层里，二氧化碳含量超过了地球大气中的一万倍。

金星最亮的时刻

大家一定对高斯这个名字如雷贯耳，他是一位天才数学家，在数学界缔造了无数传奇。大多数人也许只知道高斯是一位著名的数学家，却不知道他也是一位狂热的天文爱好者。高斯曾经用望远镜观测到金星的位置和形状，为了验证自己的发现，还把自己的母亲请来观察。在一个星光璀璨的夜晚，他让母亲站在一架普通的望远镜前，原本只是想让母亲证实一下自己观测到的那颗月牙形的金星，却万万没想到，母亲居然给了他一个更大的惊喜：她不仅用望远镜观测到了金星的位相，还发现了金星的月牙朝着相反的方向。高斯自己观察时却忽略了金星的位相，只发现了金星的位置与形状。由此可知，金星也和月球一样拥有位相。

研究结果显示，金星的位相别具一格。如图62所示，金星呈现月牙形时的视直径远远大于满轮时的视直径。这是因为行星与我们之间的距离会因为位相的变化而发生变化。地球和太阳的平均距离约为15000万千米，金星和太阳的平均距离约为10800万千米，显而易见，金星与地球之间的最小距离和最大距离分别为4200万千米和25800万千米。

金星的视直径在离地球距离最近时最大，我们反而看不清楚，因为此时面对的是它的阴暗面。但在远离地球的过程中，金星的形状会慢慢地由月牙形变成满轮，视直径也随之缩小。要说明的是，无论金星处于满轮时，还是在其视直径最大（64″）时，它都不是最明亮的。确切地说，金星最明亮的时刻出现在其视直径最大后的第30天（此时，金星

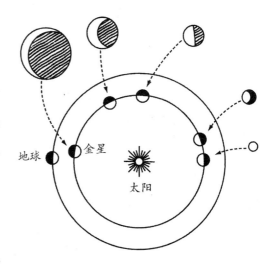

图62 用望远镜观测到的金星位相。金星的视直径因其所处位置的不同而不同

视直径为40″，月牙形宽度的视直径为10″），它的亮度为天狼星的13倍，是整个天空最亮的星星。

火星大冲

如前所述，火星和地球每隔15年就会相互接近一次，也就是说，此时

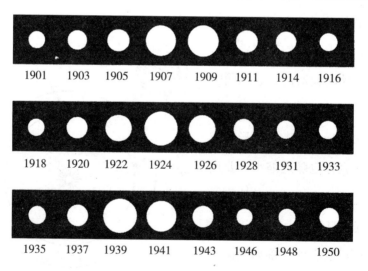

图63　20世纪上半段中各次火星大冲时期视直径的
变化。由图可知，20世纪上半段各次大冲分别发生
在1909年、1924年和1939年

它们离得最近。这就是天文学上的"火星大冲"。距今最近的火星大冲分别在1924年和1939年，如图63所示。但是，火星大冲为什么是每15年发生一次呢？其中的原因一点儿也不复杂。

地球绕日公转一周需要 $365\frac{1}{4}$ 天，而火星是687天。它们从这一次相遇到下一次相遇，跨越的时间应为各自公转时间的整数倍，可得到以下方程：

$$365\frac{1}{4}x = 687y$$

即：

$$x = 1.88y$$

可得：

$$\frac{x}{y} = 1.88 = \frac{47}{25}$$

将右边的分数化简成连分数的形式，即：

$$\frac{47}{25} = 1 + \cfrac{1}{1 + \cfrac{1}{7 + \cfrac{1}{3}}}$$

取前三项的近似值，可得：

$$1 + \cfrac{1}{1 + \cfrac{1}{7}} = \frac{15}{8}$$

这一结果表明：地球上的15年相当于火星上的8年。所以，火星和地球每15年就会相遇一次。同理，我们也可以推测出地球与其他行星相遇的时间，例如木星：

$$11.86 = 11\frac{43}{50} = 11 + \cfrac{1}{1 + \cfrac{1}{6 + \cfrac{1}{7}}}$$

115

前三项的近似值为$\dfrac{83}{7}$，就是说，地球上的83年相当于木星上的7年，它们每隔83年就会相遇一次，相遇时也是木星最明亮的时刻。根据有关记载，上次木星大冲发生于1927年，由此可以推测出，下一次木星大冲为2010年，然后是2093年。

是行星，还是小型的太阳

木星是太阳系中最大的行星，它起码可以分割成1300个地球大小的球体，而且木星的引力非常大，被成群结队的卫星围绕着。现在，天文学家发现木星至少有11个卫星，伽利略早在数百年前就发现了其中最大的4个，并分别采用罗马数字Ⅰ、Ⅱ、Ⅲ、Ⅳ来标记。其中，木卫Ⅲ和木卫Ⅳ甚至比真正的行星——水星还要大。在右表中，我们列出了这4颗卫星

天体的名称	天体的直径 / 千米
木卫Ⅰ	3700
木卫Ⅱ	3220
木卫Ⅲ	5150
木卫Ⅳ	5180
火星	6788
水星	4850
月球	3480

与水星、火星和月亮的直径，比一下大小。

在图64中，我们用图画的形式将它们之间的大小情况进行了对比。图中，最大的圆表示木星，左边的圆代表木星的4颗卫星；沿木星直径排列的那些小圆表示地球；在大圆右侧，和地球紧挨着的小圆表示月球，再右侧依次为火星和木星。

要提醒的是，这是一张平面图，而不是立体图，各个圆面积之比并不是这些天体的真实体积之比。球体体积与其直径的立方成正比，比如，木星直径是地球直径的11倍，则其体积是地球体积的1300倍。只要弄清楚这一点，我们就可以对木星的真实体积有切实的体会，而不会对此图中的画面产生误解。

木星的吸引力大得惊人，这一点，完全可以从它和卫星之间的距离看出来，我们在下表列出了它们和地球到月球距离的比较。

根据下表，我们可以发现木星系统的大小是地月系统的63倍，这是我们所发现的最巨大的卫星系统。

有人把木星比作小型的太阳，这有确凿的证据。此外，木星的质量约为其他所有行星质量之和的2倍。因此，就算太阳消失了，木星

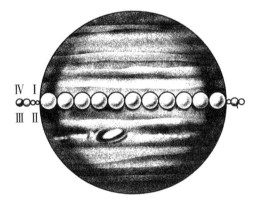

图64　木星及其卫星与地球、月球、火星和水星的大小比较

天体	距离 / 千米	比值
地球到月球	380000	1
木星到卫Ⅲ	1070000	3
木星到卫Ⅳ	1900000	5
木星到卫Ⅸ	24000000	63

也完全可以替代它。就是说，木星会成为中心天体，它的巨大引力将吸引其他行星绕其旋转，但运行速度可能会变慢。

把木星比作小型的太阳还有一个依据，那就是木星的物理结构和太阳差不多。木星组成物质的平均密度约为水的1.3倍，十分接近太阳的密度（1.4）。但木星的形状非常扁平，所以有的科学家认为，木星应当有一个密度非常大的核心，而且核心被非常厚的冰层和大气层包裹着。近日，木星和太阳的相似性再次得到证实。有的科学家认为，木星没有固体外壳，而且很快就会变成一个发光体，这种看法后来被证实是错误的。通过测量木星的温度，科学家发现那些飘浮在大气上的云层温度非常低，甚至低至−140℃！

目前，我们还不知道这一温度会呈现出什么样的物理特征，如木星大气中的风暴现象、云状带和红斑。近日，人们已经发现，木星及与其相邻的土星上存在大量的氮气和沼气①。但对天文学家们来说，全面了解木星依然任重而道远。

---

① 在天王星、海王星等比木星、土星更遥远的行星上，大气中沼气的含量更高。1944年，天文学家发现，土星最大的卫星泰坦上也有由沼气组成的大气。

消失的土星光环

土星被一层光环环绕着，见过它的人都会为之倾倒，想象力丰富的人甚至会联想到天使身上的光环，让人觉得温馨十足。1921年，曾有这样一则谣言流传：

土星环终有一天会碎掉，碎片散落于空中，并且会撞击地球，那时地球将面临灾难。有人甚至还预言了灾难发生的时间及其带来的后果……

现在，大家都知道这仅仅只是个谣言，并对此不屑一顾，但这个耸人听闻的谣言当时的确吓倒了很多人。让我们再次把目光转到问题上，土星上的光环到底会不会"消失"呢？如果会消失，后果如何？事实上，土星上的光环的确有消失的可能，天文学中称之为"土星环消失"，只是这种现象再平常不过，根本不会导致任何令人恐惧的灾难。

土星环为什么会"消失"呢？原因非常简单。土星的环相对于宽度来说相当薄，当环的侧面朝向太阳时，上下两面无法同时得到光照，上下两面没有阳光照射，所以我们看不到环。此外，当环的侧面正对地球时，我们也看不到环，土星环消失就是这个原因。所以，土星环并不会和谣传一样，发生破裂，并撞击地球，导致灾难。

天文学上还有一个叫"展露"的名词。土星环与土星绕日公转轨道平面之间的夹角为27°，这会导致土星公转时，在某个时刻正好位于一条公转轨道直径上两个遥相对应的端点。此时，土星环同时面向太阳和地球，如图65所示。此外，在与两个端点呈90°的另外两点上，土星环最宽的一面会朝向太阳和地球，即环的"展露"。

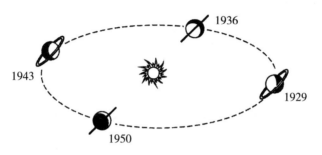

图65　土星公转一周的29年里土星环和
太阳的相对位置

天文学中的文字谜

土星环的消失，在当时不仅让普通人毫无头绪，就连著名的天文学家伽利略也觉得不可思议。这个光环他明明看得清清楚楚，为什么消失了呢？

为了找出问题的答案，他进行了很多实验和研究，却始终没有头绪，但还是发现了一些颇具价值的内容。实际上，这是一个很有意思的故事。当时的科学界有个不成文的规定，为了避免其他人捷足先登，人们往往会用文字谜的方式公布自己的发现。怎么回事呢？意思就是，当你有了某个独创的发现，就算这个发现还没有得到验证，也可以用字谜的方式守住自己的发现权。所谓的字谜，其实就是将自己的发现编辑成简单的句子，打乱字母的顺序后再发表。这样一来，发明者就有充足的时间来验证自己的发现。如果发明者最后证实发现是正确的，便会破解之前的字谜，将这个发现公布于世人面前。

当时，伽利略在望远镜的帮助下发现土星周围似乎有一个环，然后就发表了下面的字谜：

Smaismermilmepoetalevmibuneunagttaviras.

这根本就是一串杂乱无章的字母，谁能明白其中的意思呢？不过，如果有人愿意花时间专门进行研究，也可以发现其中的规律。此处有39个字母，它们的排列方式可通过下式求出：

$$\frac{39!}{3!5!5!4!5!2!2!3!2!2!2!}$$

继续往下算，上式等于：

$$\frac{39!}{2^{19} \times 3^6 \times 5^3}$$

这个数值约为36位数。如果我们把一年的时间用秒表示，差不多是8位数，因此说不定得用上千万年才能解开这个字谜。可见，伽利略隐藏该秘密时多么用心。

意大利物理学家开普勒和伽利略处于同一个时代，他花了大量的时间和精力来破解这个字谜，并得到了以下结果：

Salve, umbestineum geminata Martia proles.

翻译过来就是：

向你致敬，双生子，火星的产生。

开普勒觉得，伽利略应该是发现了火星的两颗卫星，但他不敢肯定。

需要注意的是，250年后，火星周围确实存在两颗卫星的事实终于得到了证实。但是，开普勒并没有弄清楚伽利略字谜的真正含义，真正的字母排序其实是这样的：

Altissimam planetam tergeminum observavi.

意思为：我曾经亲身目睹过三颗最高行星。

原来，伽利略是想告诉人们，他曾看到两个东西环绕在土星附近，再加上土星，总共有3个，但他不知道那到底是什么东西。后来，伽利略又发现这两个东西消失了，所以对自己产生了怀疑，以为是自己看错了，也许那两个东西压根儿就不存在。

半个世纪后，科学家惠更斯发现了土星环。和伽利略一样，他保留了自己的发现，只是发表了一串字母：

Aaaaaaacccccdeeeeeghiiiiiiilllmmnnnnnnnnn

ooooppqrrsttttttuuuuu

3年后，他确认了该发现，也揭开了字谜的真正顺序，谜底为：

Annulo cingitur，tenui，piano，nusquam cohaerente，ad eclipticaim

inclinato，

（一条又薄又平的环围绕着土星，除了黄道之外，该环不与任何东西接触。）

比海王星更遥远的行星

我曾经在之前出版的书中写到，我们所在的太阳系中，距离最远的行星是海王星，它到太阳的距离为地球到太阳距离的30倍。随着科学技术的进步，如今人们有了重大发现。1930年，科学家发现，有的天体比海王星更远，也在围绕太阳旋转，它就是冥王星，并被列为太阳系的新成员。所以，之前的结论被彻底推翻了。

该发现其实在我们的意料之内，天文学家早就断定，有行星比海王星距离太阳更远，只是尚未发现而已。100多年前，人们认为天王星就是太阳系的外沿。通过数学方法，英国数学家亚当斯和法国天文学家勒维耶得出了一个结论：在比天王星更远的地方，确实存在不知名的行星。当时，该结论源自数学推理，但很快就得到了证实，而且新的行星肉眼可见，这就是海王星被发现的过程。

然而，天王星运动的不规则性仍然无法用海王星的存在来进行解释。因此，有人开始大胆地猜想：在太阳系中，有的行星比海王星更远。于是，数学家们开始着手解决这一问题，并提供了各种各样的解决方案。至于这颗未知行星到太阳的距离和它的质量，人们一直有很多猜测。

随着科技的发展和进步，更高倍数的望远镜诞生了。1929年年底，年轻的天文学家汤博观测到了太阳系家族的新成员，它就是冥王星。

冥王星的运行轨迹是前人曾经提出的一条轨道，一些专家却认为，这只不过是一种巧合，并不能说明数学家真的推算出了这条轨道。

关于冥王星的世界，我们知之甚少。因为它和我们离得实在太远了，那颗星球上几乎没有太阳光线，所以即使用最强大的工具，我们也很难测量出它的直径，只能估计直径大概5900千米，约为地球的0.47。

冥王星的运行轨道十分狭窄，偏心率仅为0.25。与其他行星相同，冥王星也是绕日公转，它到太阳的距离为地球到太阳距离的40倍，公转周期为250地球年，轨道与地球轨道呈17°的夹角。

冥王星上空的太阳光线非常弱，亮度仅为地球上空太阳光线的$\frac{1}{1600}$。所以，它看上去就像一个有45″角度的小圆盘，和我们观察的木星差不多。于是，一个非常有趣的问题出现了：冥王星上空的太阳与地球上空的满月，谁更加明亮呢？

事实上，尽管冥王星和我们离得非常远，但也并非我们所认为的黯淡无光。地球上空的太阳比满月时明亮44万倍，如上所述，冥王星上空的太阳亮度为地球上空太阳亮度的$\frac{1}{1600}$，因此，冥王星上空的太阳亮度是地球上空满月的275倍（440000÷1600）。这意味着，如果冥王星的天空和地球的天空一样澄澈明净，站在冥王星上就和同时有275个月亮照耀着差不多。就算是对于圣彼得堡最明亮的夜晚，也仅为该亮度的$\frac{1}{30}$。因此，冥王星不像人们想的那样黑漆漆的。

关于小行星

太阳系并非只有8颗行星,只不过相比于其他的行星,这8颗行星的体积更大,得到的关注也就更多。此外,还有很多小行星也在绕日旋转。例如,谷神星就是一颗绕日运动的小行星,直径约为770千米,在小行星中算得上是比较大的了,但还是比月球小得多。如果把它和月球进行对比,就像把月球和地球相比一样。

早在1801年1月1日,科学家就发现了这颗小行星。在整个19世纪,人们总共在火星和木星之间发现了400多颗行星。当时,人们认为这些小行星只是在火星和木星之间运动。

此后,人们又逐渐在火星和木星轨道之外发现了小行星,如发现于1898年的爱神星。1920年,人们发现了希达尔哥星,这个名字是用来纪念希达尔哥的,他是在墨西哥革命战争中牺牲的烈士。希达尔哥星绕着土星运动,与地球轨道之间呈现43°的夹角,这被当时的人们认为是轨道最扁长的行星(偏心率为0.66)。

16年后,也就是1936年,科学家又发现了阿多尼斯星,它的轨道偏心率为0.78。很明显，它比希达尔哥星的运行轨迹更扁长、活动范围更广，其中一端接近水星，另一端则远离太阳。

在对小行星的记录方法上，科学家们可谓创意十足。一般情况下，他们会记录每颗小行星被发现的年份，不过是用24个半月来表示，而不是常规的12个月，每个半月都使用不同的字母表示。

当然，如果人们在同一个半月里发现多个小行星，就会在这些字母后面再加一个字母，给它们排序。如果用24个字母还是满足不了要求，科学家们就会从字母A开始，在字母的右下角做标记。例如1932EA1，表明这颗小行星是1932年3月上半月发现的第25颗行星。

随着科技的不断进步，人们发现的小行星越来越多。但宇宙是无边无际的，还有很多行星在等待着我们的发现和了解。

小行星的体积大小不一，总的来说都不大。目前发现的小行星，有70多个直径约为100千米，直径为20～40千米的小行星非常多，还有一些直径只有2～3千米。可见，谷神星算得上是小行星中相当大的了。此外，智神星的直径为490千米，相对而言也比较大。按照估计，目前发现的小行星还不到小行星总数的5%。不过有一点可以肯定，即使算上那些等待被发现的小行星，它们的总质量也不足地球质量的 $\frac{1}{1600}$。

在小行星的研究方面，俄国的格里尼明算得上是资深专家。他曾说："小行星不仅体积各不相同，物理特性也有着天差地别。小行星的表面覆盖着不同的物质，每个行星反射阳光的能力因此也各不相同。以谷神星和智神星为例，它们反射阳光的能力和地球上的黑色岩层差不多，婚神星和浅色的岩层更接近，灶神星反射阳光的能力更接近于白雪。"

有些小行星的光芒带有波动，这说明它们也会自转，但形状并不规则。

叫阿多尼斯的小行星

我们曾提到过一颗小行星——阿多尼斯，它的轨道尤其扁长，和彗星的轨道非常接近。除此之外，阿多尼斯是离地球最近的小行星，这个特点众所周知。在被发现的那一年，它和地球之间的距离仅为150万千米。虽然月球和地球离得更近，但因为月球只是地球的卫星，所以人们就说阿多尼斯是离地球最近的行星。

除了阿多尼斯，阿波罗和地球也离得非常近。截至目前，阿波罗也是我们所发现最小的行星之一。发现它时，它和地球之间的距离仅为300万千米，火星离地球最近时为5600万千米，金星离地球4200万千米。然而，阿波罗和金星离得最近时仅有20万千米。此外，赫耳墨斯也离地球非常近，约为50万千米，和月球到地球的距离差不多。

在天文学上，"万千米"常被用于天体间的距离单位，它对我们来说似乎很大，在天文学中却小得可怜。例如，一颗花岗石小行星的体积为520000000立方米，则质量应为1500000000吨，约等于300座金字塔的质量。可见，大小概念在天文学上和我们日常生活中有着天差地别。

木星的伙伴——"特洛伊英雄"小行星

对于所有已被发现的小行星，有一组小行星的命名十分有趣，它们的名字全都和古希腊特洛伊战争中的英雄同名，如阿喀琉斯、帕特罗克洛斯、赫克托耳、涅斯托耳、阿伽门农。此外，这些小行星还有一个特征，即它们与木星和太阳正好形成一个等边三角形，所以天文学家把它们叫作木星的伴星。不管它们怎么运动，位置都始终保持不变，在木星前后60°的位置。

这些小行星始终沿着轨道运动，就算偶尔脱离轨道，引力也会把它拉回来。由此可以证明，这些小行星与木星、太阳之间所形成的等边三角形具有良好的平衡性。

法国一位数学家叫拉格朗日，他在发现这些小行星之前就提出，天体间具有一定的稳定性，但他又觉得宇宙中并不存在此类天体。后来，人们发现了上面提到的小行星，证实了拉格朗日后边的话是错误的。这些小行星的发现，不仅是类似天体存在的佐证，也证明了他前面的理论。所以说，研究这些小行星也可以推动天文学的发展。

在太阳系里遨游

我们已经学习了一些有关地球和月球的天文学知识，并对它们有了一定的了解。现在，请将视野放宽，来看看太阳系中的其他天体，它们有哪些特点。

先来看看金星。金星与太阳和地球都离得不远，如果金星大气层是透明的，那么当我们站在金星上时，一眼就能看到太阳和地球，而且，在金星上看到的太阳是地球上看到太阳的两倍，如图66所示。此时，地球成了非常耀眼的行星。

我们也可以在地球上看见金星，但由于金星

图66 从地球和其他行星上看见的太阳大小对比

的公转轨道位于地球系统以内，所以如果金星在近地点，观测就没办法进行，只有在它和地球相距一定距离时，观测才能正常进行，而且此时看到的金星既不完整也不明亮。但是，在金星的天空中，地球不仅相当完整，也十分明亮，和火星大冲差不多，亮度起码是在地球上所看到金星最大亮度的6倍。

要说明的一点是，以上数据建立在金星外层大气透明可视的基础之上。而在实际情况中，金星上时不时就会呈现一种现象——"灰色光"。过去，科学家们曾以为这种现象是地球的照耀所导致的，后来才发现金星能够接收的地球光非常有限，从强度来看，和一根普通蜡烛在35米以外所发的光线差不多，如此微弱的亮度根本不可能导致金星的"灰色光"现象。

除了可以接收地球光，金星的天空还可以接收月光，强度约为天狼星上月光的4倍。我们之所以能够通过望远镜在金星上看到月亮，并将它上面的细微之处看得一清二楚，正是因为地球和月球都会"照射"到金星之上。

不仅如此，金星的天空中还能观察到一颗闪亮的行星——水星，亮度约为我们在地球上所看到水星亮度的3倍，水星被称作金星的晨星和昏星。但是，如果你站在金星上观察火星，会发现它的亮度远远比不上在地球上看到的亮度，仅为在地球上所看到火星亮度的40%，没准儿还不如木星呢。

虽然各个行星在空中的位置各不相同，它们的轮廓却几乎是一样的，不管在哪个行星上观察，所看到的星系图案都差不多，因为这些行星离我们实在太远了。

暂且把金星放在一边，先来看看水星的情况吧。水星上不存在空气和昼夜之分，这样的世界是不是很奇怪？在水星上，太阳和圆盘一样，始终挂在天空，地球看上去比在金星上所见到的亮1倍。不过，这丝毫没有动摇金星拥有的最美丽的行星的地位，它看上去依然明亮耀眼，光华璀璨。

然后，我们来看看火星。在火星上，也可以看见太阳和地球，但此处看到的太阳比在地球上所看到的太阳要小得多，只有一半，所看到的地球也仅为其表面积的 $\frac{3}{4}$，亮度和在地球上看到的木星差不多。此时，月球看上去格外明亮，如果有望远镜，我们完全可以将月球的位相变化看得一清二楚。对于火星，首屈一指的还是它的卫星，其中以福波斯的名气最大，它的直径小于15千米，由于离火星最近，所以看起来格外明亮。在比福波斯略远一些的火星卫星上，我们可以看到一个位相不断变化的大圆面，那就是火星，该圆面的视角约为41°，位相的变化速度是月球的数千倍。这样的情形，只有在木星的卫星上才能看见。

好了，我们来看看木星吧。木星是太阳系中最大的行星，在木星上，看到的太阳大概是地球上所见到的 $\frac{1}{25}$，木星所接收的太阳光也相当于地球上的 $\frac{1}{25}$。在木星上，白昼只有短短5个小时，剩下则是漫无边际的黑夜。所有行星的形状都变得面目全非，所以我们很难在木星的夜空中找到那些熟悉的行星，也无法确定是不是真的看到了它们。例如，水星此时完全被太阳光挡住了；金星、地球和太阳都是同时在西边落下，只有在黄昏时，我们才能隐约追寻到它们的踪迹；火星也是时隐时现，我们所能看见的最明亮的行星，应该只有天狼星和土星了。

在木星的天空中，以其卫星最为著名，这些璀璨的卫星照耀在木星的天空之上。具体来说，卫星Ⅰ和卫星Ⅱ的亮度和在地球上所看到的金星亮度相当，卫星Ⅲ的亮度是金星上所看到地球亮度的2倍，卫星Ⅳ和卫星Ⅴ的亮度远强于天狼星。这些卫星的体积也毫不逊色。前4颗卫星的视半径远远大于太阳的半径。不过在运行的过程中，前3颗卫星会被木星的阴影淹没，所以没办法

图67　木星的大气中光线折射示意图

一直看到它们，自然也看不到它们全部圆面的位相。有时，我们可以在木星上看到日全食，但可观测到的地带非常狭窄。

此外，木星大气层不如地球那般澄澈，它比较厚，稠密得甚至有些浑浊。有时候，这类条件下会发生一些特殊的光学现象。在地球上，受到光的折射作用，我们所看到的天体要高于它的实际位置（参见图15）。如图67所示，在木星上，光的折射十分明显，因此木星表面发出的光线会偏折得非常严重，很多光线被反折回木星，而不是射入大气层，并会因此呈现一些特殊的景象。

无论我们在木星的什么地方，都可以在半夜的时候看到太阳。我们仿佛站在一只碗的底部，整个木星表面几乎都在碗内，碗上方正对着天空，太阳则始终在我们的头顶上。若是见过此情此景，人们一定会感叹：真是太不可思议了！然而，这种情景是否真的存在还有待考证，目前只是天文学家的分析结果而已。

图68展示的是木星卫星上所观察到的景象。在离木星较近的卫星上，我们可以观察到各种各样的景色。例如，在和木星离得最近的卫星 V 上，我们观察到的木星视直径约等于月球的90倍，亮度却仅为太阳的 $\frac{1}{7}$ 到 $\frac{1}{6}$，当它的下边缘开始触及地平线时，上半部分仍然留在空中；当它彻底被地平线淹没时，圆面积约等于整个地平圈的 $\frac{1}{8}$。当木星旋转时，卫星会映射到木星上，变

成一个个小黑点，虽然不会对木星产生很大的影响，却会令它显得更加黯淡。

图68 从木卫Ⅲ上见到的木星景象

现在，我们来看看另一个行星——土星，看看在土星上观察到的土星环是什么样的。有一点需要指出，并不是土星的任何位置都可以看到光环，如果正好处于土星南北纬64°到南北极之间，我们就看不见光环。如图69所示，如果站在两极边缘，我们能看见的只是光环外缘。只有在纬度64°至35°之间，我们才可以看见光环。在纬度35°，能看到最清晰、最明亮的光环，此时光环的视角最大，为12°；之后，光环会逐渐变窄、变模糊；在土星赤道上，我们仅能看到光环侧面，和一条狭长的带子差不多。

另外，土星环只有一面能享受到阳光的照射，无法照射的另一面则为阴影。所以，只有当我们位于土星有阳光照射的一面时，才看得到明亮的光环。

土星有太阳照射部分的轮换周期为半年，如果我们在上半年见到了光环，那么在接下来的

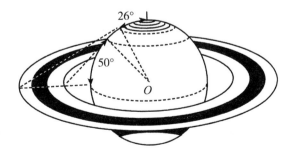

图69 在土星表面不同点上看土星环，
所见景象各不相同

下半年，能看到的只会是黑暗的一边。而且，只有白天才可以看到，光环在晚上出现短短几个小时后，就会被黑暗淹没。土星赤道都处于光环阴影之中，所以在地球上，我们几乎看不见它的赤道地区，这是土星的另一个特点。

但是，如果我们站在离土星最近的卫星上，就可以看到美轮美奂的天空景色。当土星环为月牙状时，一定能欣赏到绝美的景色。此时，一条狭长的带子萦绕在月牙中间，其实这是光环的侧面。土星的一群卫星环绕在带子四周，它们也是月牙形，如此景色真是令人叹为观止！

我们简要列举了太阳系中的几颗主要行星，现在按照从高到低的顺序，将各个天体在其他行星天空中的亮度罗列如下：

1. 水星天空的金星

2. 金星天空的地球

3. 水星天空的地球

4. 地球天空的金星

5. 火星天空的金星

6. 火星天空的木星

7. 地球天空的火星

8. 金星天空的水星

9. 火星天空的地球

10. 地球天空的木星

11. 金星天空的木星

12. 水星天空的木星

13. 木星天空的土星

其中，第4、7、10三项以下标有横线，这几项是我们非常熟悉的，你们可以根据这几项来比较其他各项的亮度。从以上我们可以得出，地球在太阳系诸多行星中算是相当明亮的了。

最后，我们再列举一些与太阳系有关的数字，供大家在之后的学习中参考。

太阳：直径1390600千米，体积1301200万亿立方千米，质量333434（与地球相比），密度1.41（与水相比）。月球：直径3473千米，体积0.0203万亿立方千米，质量0.0123（与地球相比），密度3.34（与水相比），距地球的平均距离384400千米。

行星的大小、质量、密度、卫星的数量等一览表

行星	平均直径			体积（地球=1）	质量（地球=1）	密度		卫星的数量
	视直径	实际直径				地球=1	水=1	
	秒	千米	地球=1					
水星	13～4.7	4700	0.37	0.05	0.054	1.00	5.5	—
金星	64～10	12400	0.97	0.90	0.814	0.92	5.1	—
地球	—	12757	1	1.00	1.000	1	5.52	1
火星	25～3.5	6600	0.52	0.14	0.107	0.74	4.1	2
木星	50～30.5	142000	11.2	1295	318.4	0.24	1.35	12
土星	20.5～15	120000	9.5	745	95.2	0.13	0.71	9
天王星	4.2～3.4	51000	4.0	63	14.6	0.23	1.30	5
海王星	2.4～2.2	55000	4.3	78	17.3	0.22	1.20	2

行星到太阳的距离、公转周期、自转周期、引力等一览表

行星	平均半径		轨道偏心率	公转周期（地球年）	轨道上的平均速度（千米／秒）	自转周期	轨道与轨道平面倾斜度	引力（地球=1）
	天文单位	百万千米						
水星	0.387	57.9	0.21	0.24	47.8	88日	5.5	0.26
金星	0.723	108.1	0.007	0.62	35	30日	5.1	0.90
地球	1.000	149.5	0.017	1	29.76	23小时56分	5.52	1
火星	1.524	227.8	0.093	1.88	24	24小时37分	4.1	0.37
木星	5.203	777.8	0.048	11.86	13	9小时55分	1.35	2.64
土星	9.539	1426.1	0.056	29.46	9.6	10小时14分	0.71	1.13
天王星	19.191	2869.1	0.047	84.02	6.8	10小时48分	1.30	0.84
海王星	30.071	4495.7	0.009	164.8	5.4	15小时48分	1.20	1.14

图70所展示的是在望远镜中将几个天体放大100倍的情景，其中，左图为月球，右图分别为水星、金星、火星、木星、土星及木星和土星卫星。

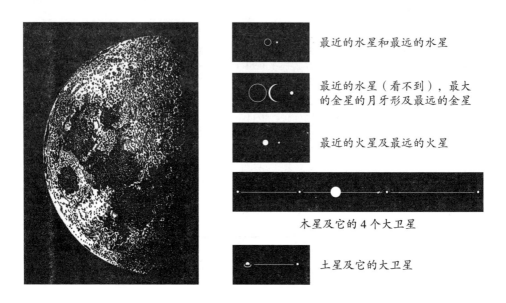

图70　左图为用望远镜放大100倍的月球，右图为用望远镜放大100倍的水星、金星、火星、土星、木星和土星卫星

第四章

关于恒星

恒星来自何方

夜晚，当我们仰望星空时，那些璀璨的恒星往往最能吸引我们的目光。我想，一定会有很多人对这些闪烁的星星产生一个大大的问号：它们从何而来？有人认为它们和地球一样，都是自然界的鬼斧神工，或者把它们视为上天创造的绚丽风景。这些答案当然是对的，但并没有从根本上解答疑问。现在，就让我们一起来揭开这个谜团。

从古至今，科学家和天文学家都对研究恒星情有独钟。早在400多年前，达·芬奇就曾说过："当我们用针尖在纸上刺一个小孔时，就可以透过小孔看到一颗非常小的星星，而且这颗星星并没有发光。"这句话印证了恒星客观存在的事实，它到底是怎样出现的，我们却并不知晓。

我们常常说看到光，其实那并不是真正的光。有物理学基础的人应当明白，我们根本不可能看见真正的光线，出现在眼中的不过是那些被光线照亮的灰尘或微粒而已。在广袤的宇宙中，不管是白天还是黑夜，太阳的光芒从未消失过，我们却无法看见这片真正发光的空间。事实上，我们甚至连笼罩在恒星外部的那层大气都看不见，尽管它也充满尘土。那么，为什么一到晚

138

上，我们就能看见恒星呢？

　　要回答这个问题，我们首先要对自身的特性有所了解。实际上，我们的眼睛发挥了关键性的作用。科学研究证明，眼珠并不是完全透明的，它的均匀程度甚至比不上一些玻璃透镜，只算得上是一种纤维组织。赫尔姆霍尔兹曾在"视觉理论的成就"中声称：

　　"呈现在眼睛里的光点的像，并不是真的发光，因为构成眼珠的纤维具有特殊的排列方式。一般来说，这些纤维沿六个方向呈辐射状排列，那些仿佛从发光点——例如恒星或远处的灯火——所发出的一束束可见光线，体现的只是眼珠的辐射构造罢了。这种眼睛构造的缺陷，会让人产生某种错觉。这种现象再平常不过了，同时也是人们习惯性地把所有的辐射状图形称为星形的原因。"

　　总而言之，大家务必记住，我们看到的并不是真实的光，闪烁的恒星是眼睛创造出来的。

　　前面讲过，达·芬奇提到了一个神奇的现象，赫尔姆霍尔兹的理论也解释了这一现象：如果我们从一个足够小的孔里看星星，只会看到一束非常细的光，这束光线所能到达的最远地方就是眼珠的中心部分。此时，眼珠的辐射构造不再产生影响，所以只会看见那一束单一的亮光。这意味着恒星失去了自己的光芒，我们只能看见一些非常小的发光点。就算没有望远镜，也可以用这个方法看到那些不发光的群星。

　　是谁创造了那些璀璨的恒星？现在，我们可以自信地说，就是我们自己。

　　眼睛的特殊构造让我们可以看见如此壮丽的夜空，应该感谢这种缺陷，要不是它，我们就只能看见一丝细小的光，无缘见识那些光芒四射的闪耀群星了。

恒星会眨眼，为什么行星不会呢

在很多小朋友心目中，星星是这样的：它就像一个调皮的孩子，在空中不停地眨眼睛……很明显，眨眼睛是星星的一大特点。年幼时，我经常和小伙伴们趁着夜色一起看星星，就是想知道它们是怎样眨眼睛的。事实上，不单是小孩，许多科学家也总是出神地仰望着星空，看着恒星眨眼睛的样子。弗拉·马利翁曾说过："星星所发出的这种时隐时现、忽白忽绿忽红的光，和晶莹剔透的钻石一样，让星空愈发灵动，给人一种星星有一双眼睛在凝视地球的感觉。"

那么，星星为什么会眨眼睛呢？天真的小孩子往往最关心这样的问题，但他们只是随口一问，并不在意答案。对科学家来说，这个问题却具有非常大的研究价值。不仅如此，他们还对星星眨眼睛的速度、星星变换颜色的原因等问题进行了研究。

在到达眼睛之前，星光会经过一段漫长的旅程，中间必定经过大气层。每一层地球大气层都有不同的温度和密度，因此星光穿过这些大气层时，就像通过了多个三棱镜、凸透镜或凹透镜。经过若干次偏折，光线变得时聚时散，明暗程度也发生了一定的变化。星星之所以闪烁，就是这种不稳定大气的功劳。如果大气层是稳定的，星光在进入眼睛时即是稳定的，我们就无法看到星星眨眼睛了。此外，星星闪烁的幅度也各不相同，白色的星星往往比黄色或红色的星星具有更大的闪烁幅度；和悬在天空的星星相比，地平线附近的星星闪烁得更厉害。

恒星会眨眼睛，行星却不会。这是因为行星离我们更近，从而导致它们的光是多个闪烁的点，而不是一个点，这些点最终构成了一个圆面。虽然每个点具有不同的闪烁幅度，但会相互弥补和融合，所以整个圆面看上去非常稳定，观察不到任何变动。

星星的颜色之所以会发生变化，是因为星光在经过大气层时，除了发生各种偏折，还可能出现色散。所以，我们不仅可以看见它们闪烁颤动，还可以目睹它们变换颜色。和地平线离得越近，颜色的变化就会变得更加明显，尤其是刮风、下雨后。这是因为，此时的空气质量非常好，星星闪烁得更加有力，颜色的变换更加明显。

还有一个问题：星星变换一次颜色需要多长时间？科学家们的统计结果显示，这没有什么固定的规律，是由观察条件所决定的，少的每秒钟闪烁几十次，多的每秒钟闪烁一百多次，甚至更多。当然，也有一个简便的计算方法：首先，用双筒望远镜观察一颗明亮的星星，同时飞快地旋转望远镜物镜，此时，出现在眼中的不再是星星，而是一个由若干颗不同颜色的星星组成的环。如果星星闪烁得很慢，或望远镜转动得很快，该环就被分割成数不清颜色、长短不一的弧线。然后，我们就可以计算出星星变换颜色的大致次数。

白天可以看见恒星吗

　　白天，我们可以看见恒星吗，就像看见行星一样？在历史上，有很多人探讨并研究过这个问题，并达成了一种共识：只有站在深井、很深的矿坑或者高烟囱的底部，我们才能在白天看见恒星。很多名人曾提及这种说法，但并没有事实依据，充其量只是道听途说。在这种地方究竟能否看到恒星，至今没有人亲自验证过。

　　美国的一本杂志曾刊登过一篇文章，论证了白天在井底根本看不见星星的事实。作者认为，白天能看到星星的说法毫无科学依据，只是开玩笑。有趣的是，这篇文章一经面世，杂志社很快收到了一位农场主的反驳信。农场主信誓旦旦地说，白天的时候，他曾在一个大约20米深的地窖里看到了五车二和大陵五两颗星星。经过仔细研究，人们发现信中所言不实。按照农场主提到的观察地所在纬度以及当时的季节推测，他所提到的那两颗星星绝对不可能经过天顶。很明显，这仅仅只是一场恶作剧，关于该问题的讨论却愈演愈烈。

　　人们用大量的事实证明，深井、矿坑等地有助于让我们在白天看见星星这一说法缺乏理论依据。那么，白天为什么看不见星星呢？问题还是出在大气上。大气中微尘漫射的太阳光强于恒星的光，所以白天绝对看不到星星。就算我们站在很深的矿坑或井中，也无法改变太阳光比星光更亮的客观事实。

现在，为了让大家弄清楚其中的原因，我们来做一个简单的实验。

实验需要准备如下工具：硬纸匣、针、白纸、灯。首先，用针在硬纸匣的侧壁上扎几个小孔，把白纸贴在侧壁外侧。然后，把灯放在纸匣里，并将其点亮。最后，把整个纸匣放在一间黑漆漆的屋子里。此时，我们就会看见，侧壁的小孔上有很多光点，它们是由灯发出的，而且都映射在白纸上，和晚上的星星简直一模一样。把屋子里的灯全都打开，我们会发现，虽然纸匣里的灯也亮着，白纸上的亮点却突然不见了，其中的道理和天亮后看不见星星是一样的。

随着科技的进步和发展，就算是在白天，人们照样能在望远镜的帮助下看到星星。但在很多人看来，只有从"管底"才能看到，这种说法显然是不正确的。望远镜里装有玻璃透镜和反射镜，它们会使光线发生折射和反射，通过望远镜，我们可以看到变暗的天空和变亮的光点状恒星，所以就算是在白天，我们同样可以看到恒星。

不得不说，这个解释令无数人生出挫败感。事实上，太阳光照较暗时，我们在白天也可以看见一些比恒星亮的行星，例如金星、木星和大冲时的火星。有人说在深井中看到了这些星星，还是有一定的道理的。因为在深井里，井壁把阳光挡住后，我们就可以看见离我们比较近的行星，但绝不是恒星。后面，我们会专门对这种特殊现象进行分析。

最后有一点需要说明：事实上，我们在白天看到的那些星星就是半年前我们在晚上所看到的星星，半年后，它们又会在晚上出现于我们眼前。

星等问题

　　大家欣赏夜空时，有没有想过如何区分星星？应该遵照什么标准呢？在很久以前，人们就对这个问题产生了兴趣，并提出了根据星星的大小和亮度来划分等级的方法，此处的等级就是天文学上的"星等"。一般情况下，我们称黄昏时空中最亮的星星为1等星，亮度次之的是2等星……以此类推下去，一直到6等星，肉眼正好可以看到6等星的亮度。

　　这个方法主观性太强，根本满足不了天文学研究的需要，所以天文学家在划分星星级时制定了更加完美、细致的标准。具体来说，就是把1等星的平均亮度定为6等星的100倍。比方说，有的星星亮度强于1等星，就将其定为0等星或负等星。

　　按照以上规定，科学家们提出了恒星的亮度比率，即前一等星的亮度是次等星的几倍。我们还是来看看这个比率的大小，假设它是n，就有：

　　a. 1等星的亮度是2等星的n倍；

　　b. 2等星的亮度是3等星的n倍；

　　c. 3等星的亮度是4等星的n倍；

......

如果将其他各等星的亮度与1等星进行对比，可以得到：

1等星的亮度是3等星的n^2倍，是4等星的n^3倍，是5等星的n^4倍，是6等星的n^5倍。

由前面的规定，可得：

$$n^5=100$$

容易解得：

$$n=\sqrt[5]{100}\approx2.5$$

也就是说，前一等星的亮度是后一等星的2.5倍，准确地说，其实是2.52倍。

在天空中，就算1等星是最亮的星星，也不意味着它是最亮的天体。例如太阳，它比1等星亮得多，星等却为"负27等星"。这就说明，空中最亮的天体应该是负等星。这里的"负"，和我们常说的"负数"是两码事。

关于星等的代数学

我们已经介绍过星等，并且用它来表示星星的亮度，事实上，我们在探索天文学时使用更多的是一种叫作光度计的特殊仪器。它可以得出未知亮度的天体与已知亮度星星的差距，设置一些参数，将仪器中设定好的"人工星"与真实的星体进行对比，得到的就是我们想要的数据，然后再进行计算。

那么，应该怎样表示那些亮于1等星的星体呢？在数轴线上，数字"1"的前面是"0"，所以我们称那些比1等星亮2.5倍的星为"零等星"。以此类推，那些比0等星更亮的星叫"负等星"，比如，"负1等""负2等"。

如果遇到这种情况：有些星星的亮度达不到一等星的2.5倍，只有1.5倍或2倍，又该怎样表示呢？还是用数轴线说话吧，这些星星会在数字0和1之间，我们就可以用小数来表示星等，比如，"0.9等星""0.6等星"。

为了计算时更方便，还可以用0、负数和小数来表示星等。而且，我们还制定了统一的标准。用这种表示方法，可以用数字精确地表达出任何星体的星等。

接下来举例说明。比如，夜空中最亮的是恒星天狼星，星等为"负1.6等"；老人星只有在南半球才能看到，星等为"负0.9等"；北半球最亮的是恒星织女星，星等为0.1等；五车二星和大角星都是0.2等；参宿七星是0.3等；南河三星是0.5等；河鼓二星是0.9等。

下表中罗列的是天空中最亮的一些星和它们的星等（括号内是星座名称）。

恒星	星等	恒星	星等
天狼（大犬座α星）	-1.6	参宿四（猎户座α星）	0.9
老人（南船座α星）	-0.9	河鼓二（天鹰座α星）	0.9
南门二（半人马座α星）	0.1	十字架二（南十字座α星）	1.1
织女（天琴座α星）	0.1	毕宿五（金牛座α星）	1.1
五车二（御夫座α星）	0.2	北河三（双子座β星）	1.2
大角（牧夫座α星）	0.2	角宿一（室女座α星）	1.2
参宿七（猎户座β星）	0.3	心宿二（天蝎座α星）	1.2
南河三（小犬座α星）	0.5	北落师门（南鱼座α星）	1.3
水委一（波江座α星）	0.6	天津四（天鹅座α星）	1.3
马腹一（半人马座β星）	0.9	轩辕十四（狮子座α星）	1.3

由上表可知，0.9等、1.1等的星星确实存在，正好为1等的星星却不存在。就是说，1等星只是一个亮度的标准，只存在于一些计算中，是为了让研究和比较变得更加方便。

下面，我们来计算一下：一颗1等星等于多少颗其他星等的星？我们可以从右表中找到答案。

除了右表所列的这些关系，我们还可以得出1等星以上的星相对应的关系。比如，南河二星是0.5等星，这就说明它的亮度是1等星的 $2.5^{0.5}$ 倍，也就是1.6倍；老人星是负0.9等星，它的亮度是1等星的 $2.5^{1.9}$ 倍，也就是5.7倍；天狼星是负1.6等星，它的亮度就为1等星的 $2.5^{2.6}$ 倍，也就

一颗1等星相当于其他星等的星的数量

星等	颗数
2	2.5
3	6.3
4	16
5	40
6	100
7	250
10	4000
11	10000
16	1000000

是10.8倍。

对于这些肉眼可见的星而言，它们的亮度之和等于多少颗1等星呢？这个问题相当有意思。统计结果显示，后一等星的数量约等于前一等星的3倍，已知它们的亮度比为1：2.5，而半个地球上的1等星大约是10颗。因此，下列级数的和就是我们想要的答案：

$$10+\left(10\times3\times\frac{1}{2.5}\right)+\left(10\times3^2\times\frac{1}{2.5^2}\right)+\cdots+\left(10\times3^5\times\frac{1}{2.5^5}\right)$$

所以：

$$\frac{10\times\left(\frac{3}{2.5}\right)^6-10}{\frac{3}{2.5}-1}=95$$

这就说明，在半个地球上，肉眼可见的所有星的亮度加起来差不多是100颗1等星（或一颗负4等星）。

最后，我们再来聊聊6等之后的星。我们在前面讲过，6等星是我们正好能用肉眼看到的星，那7等星呢？如果我们能看见这一等级的星，就证明有超能力，令人遗憾的是，我们只能用望远镜才能看见它们。到目前为止，用最大的望远镜，最多能观察到16等星。在之前的问题中，如果我们把"肉眼可见"变成"望远镜"可见，那么半个地球上全部星的亮度之和约等于1100颗1等星（或者一颗负6.6等星）。

值得一提的是，虽然我们按照星等对恒星进行了划分，但这种划分标准只取决于我们的视觉，而不是来自星本身的亮度和物理特性。希望大家能明白的一点是：或许有些星并不发光，但因为离我们较近，所以貌似亮度较高；反之，或许有些星本身特别亮，却成了我们口中较低的星等。

用望远镜来观察星星

在观察那些距离很遥远的恒星时，我们通常会用望远镜，但望远镜真的能完全按我们的要求做吗？随着科技的发展进步，人类对宇宙的探究越来越广泛，越来越深入，宇宙的浩瀚无垠不再令人心生畏惧。在探索宇宙的过程中，望远镜算得上是用得最多的工具了。用望远镜观察物体时，精准度与它的物镜大小成正比。就是说，物镜越大，捕捉到的细节就越细小。

望远镜的原理和光线进入我们的眼睛是同样的道理，我们把二者进行对比，看看望远镜的工作原理。夜晚，用肉眼看东西时，瞳仁的平均直径约为7毫米，假如用一个物镜直径为10厘米的望远镜，那么通过物镜的光线会是通过瞳孔的 $\left(\dfrac{100}{7}\right)^2$ 倍，大概是200倍。望远镜的物镜较大，所以我们用望远镜观测天体时，观测到的天体会变亮。研究证明，这一特点只是在观察恒星时才适用，因为恒星发出的光线是单一的亮点，行星却不是。观察行星时，我们看见的是一个圆面，研究的难度肯定会有所增加：计算行星的亮度时，必须将望远镜的光学放大率考虑在内。下面，我们来了解一下用望远镜观察恒星的情况。

具备了以上知识，我们就能做一些运算。比如，只要知道某望远镜的物镜直径，就能知道利用它最多能观测到哪一等星；反之，如果想观察某一等星，就必须先将望远镜所具备的物镜直径计算出来。比如，如果我们想观察15等以内的星，望远镜物镜的直径就不能小于64厘米。那么，想要观测16等星呢？物镜的直径应该是多大？我们可以通过下式来计算：

$$\frac{x^2}{64^2} = 2.5$$

其中，x是要求的物镜直径。计算可得：

$$x = 64\sqrt{2.5} \approx 100 \text{（厘米）}$$

这就说明，要想看到16等星，望远镜物镜直径必须≥1米。一般情况下，只有将望远镜的物镜直径增加到原来的$\sqrt{2.5}$倍，即1.6倍，才能看到高一星等的星。

如何计算太阳与月球的星等

太阳作为一颗恒星，有星等，月球虽然不是恒星，但也有星等。那么，它们分别是多少等星呢？这就是本节要讨论的问题。

上述计算方法在此仍然适用。换言之，那些原则不仅对恒星适用，对行星、月球等其他天体同样适用。然而，行星的亮度比恒星复杂得多。在这里，我们只讨论太阳和月球。事实上，根据天文学家的研究，人们已经得知：太阳的星等是负26.8等，满月时月球的星等是负12.6等。

如前所述，天狼星是最亮的恒星，那么，太阳的亮度是天狼星的多少倍呢？继续沿用之前的公式，我们可以计算出它们亮度的比值为：

$$\frac{2.5^{27.8}}{2.5^{2.6}} = 2.5^{25.2} \approx 10000000000$$

这表明太阳的亮度约为天狼星的100亿倍。

由此可见，太阳比天狼星明亮得多。那么，太阳的亮度又是月球的多少倍呢？上文提到太阳的星等是负26.8等，换句话说，太阳的亮度是1等星的$2.5^{27.8}$倍；满月时月球的星等是负12.6等，即满月时月球亮度是1等星的$2.5^{13.6}$倍。因此，太阳的亮度是满月时月球的$\frac{ü^{27.8}}{ü^{13.6}}$ü$^{14.2}$倍。

通过查阅对数表，我们得到的结果为447000，这表明在阳光明媚的晴天，太阳的亮度约等于满月时月球的447000倍。

前面，我们比较了太阳和满月时月球的亮度，现在，来了解一下二者的反射热量。光线会带来热量，而且热量与其反射的光线成正比。月球反射到地球上的热量为太阳的$\frac{1}{447000}$，已知在地球大气边界，每1平方厘米每分钟会产生大约2卡太阳热量。因此，对月球来说，每分钟反射到地球上的热量在1平方厘米内≤1卡的$\frac{1}{220000}$。很明显，如此微弱的月光根本不可能给地球上的气候带来任何影响。相反，太阳才是影响地球气候和环境四季变化的主要因素，同时，它也在我们的生产、生活中发挥了很大的作用。

有一种说法是：月光可以使云层消散。所以有人认为，月光所蕴含的能量会对地球造成一定的影响，这个观点当然是错误的。夜晚，我们会发现，云层在月光的照耀下发生了变化，这仅仅是因为它帮我们发现了云层的变化，而不是它改变了云层。

有些人钟情于月亮，本能地对上述观点产生抵触心理。诚然，夜晚的月亮绚丽多姿，从古至今，竞相用诗歌来赞美它的文人墨客数不胜数。尤其是在月圆之夜，它璀璨夺目，将整个天空照得像白天一样。那么现在，我们不妨来计算一下，与半个地球所有可见星的亮度之和相比，满月时的月亮会是它的多少倍。将1等星到6等星全部加在一起，亮度约等于100颗1等星，于是这个问题就变成了：满月时月亮的亮度是100颗1等星的多少倍？该比值等于：

$$\frac{2.5^{13.6}}{100} \approx 3000$$

这意味着，在晴朗的夜晚，所有可见星发出的光仅为满月时月光的 $\frac{1}{3000}$；假如与日光相比，这些星发出的光只是晴天时日光的13亿（3000×447000）分之一。

恒星与太阳真实亮度的对比

通过以上几节讨论，大家对星等的概念应该已经很熟悉了。它是指我们在视觉上感知到的星星亮度，即视亮度。那么，它们的真实亮度又如何呢？怎样来对它们的真实亮度进行比较呢？

星体视亮度与它们的真实亮度，以及它们与我们的距离密切相关：如果真实亮度恒定，星体的视亮度和星等会随着距离的减少而增高；如果距离恒定，星体的视亮度和星等会随着真实亮度的增加而增加。我们在之前提到了星等，如果不知道星体的真实亮度和距离，那么星体间的对比就失去了意义。事实上，我们想知道的是，如果各个星体和我们之间的距离相等，它们的亮度又是怎样呢？事实上，上述星等划分方法是天文学家所规定的划分标准，现在，我们也用上述方法对距离进行规定，并引出了恒星的"绝对星等"的概念。所谓绝对星等，指的是这颗星与我们相距10秒差距时的星等。这里的秒差距是一种测量恒星间距离的长度单位，1秒差距约等于300000000000000千米。星体的亮度与距离的平方成反比，所以，如果已知星体距离，很容易就能计算出绝对星等的值。

计算恒星的绝对星等可以运用下面的公式：

$$2.5^M=2.5^m\times\left(\frac{\pi}{0.1}\right)^2$$

其中，M表示恒星的绝对星等，m表示它的可视星等，π表示恒星视差，单位为秒。上面的公式可变形为：

$$2.5^M=2.5^m\times100\pi^2$$

$$M\lg2.5=m\lg2.5+2+2\lg\pi$$

$$0.4M=0.4m+2+2\lg\pi$$

因此得出：$M=m+5+5\lg\pi$。

再以天狼星为例，计算它的绝对星等。

其中，$m=-1.6$，$\pi=0.38''$，$M=-1.6+5+5\lg0.38''=1.3$。

统计发现，在和太阳相距10秒差距以内的恒星中，发光能力的平均值和绝对星等为9等的天体差不多。太阳的绝对星等是4.7等，绝对亮度约为相邻天体平均亮度的$\dfrac{2.5^9}{2.5^{4.7}}=2.5^{4.3}\approx50$倍。

因此，太阳是太阳系中最亮的天体。如果将其与天狼星进行对比，哪个更加明亮呢？如上所述，太阳的绝对星等是4.7等，而天狼星的绝对星等是1.3等，这意味着，如果天狼星与我们之间的距离为300000000000000千米，则它等同于一个1.3等的天体，在上述条件下，太阳是一个4.7等的天体。

天狼星的绝对亮度为太阳的$\dfrac{2.5^{3.7}}{2.5^{0.3}}=2.5^{3.4}\approx25$倍。

事实上，太阳的视亮度约为天狼星的10000000000倍，但它仍然算不上是天空中最亮的天体。

亮度最高的恒星

在广袤的宇宙中，最亮的恒星是哪颗？是北极星，还是太阳？当然，这个问题不是猜出来的。通过研究和观察，天文学家发现，在目前的观测能力下，最亮的恒星是剑鱼座S星。

剑鱼座S星位于南天，绝对星等是负8等，北半球温带地区的人们不可能观测到它。而且它和我们离得非常远，根本无法用肉眼观测。剑鱼座S星位于小麦哲伦云内部。小麦哲伦云与我们之间的距离是天狼星与我们距离的12000倍，也是我们的邻居。

为了让大家更直观地了解该星体的发光能力，我们对比一下它和天狼星：如果将剑鱼座S星放在天狼星的位置，亮度会是天狼星的前9等，约等于上弦月和下弦月的亮度；如果将天狼星放在剑鱼座S星的位置，亮度仅为17等，只有用最强大的望远镜才能隐约看到。

由此可知，剑鱼座S星的发光能力非常强。有人或许会问，它的发光能力大到什么程度呢？科学家们给出的结论是：负8等。我们有必要再来比较一下它和太阳。计算结果显示：剑鱼座S星的绝对亮度约等于太阳的100000倍！在已知的宇宙天体中，它是最耀眼的。

在太阳系几大行星上看到的天体的星等

前面，我们主要介绍了地球上可以观测的一些天体的亮度，本节来了解一下太阳系内行星上可以观测的一些天体的亮度。首先，我们给出地球上观测到的各个行星的星等，供大家进行对比。

地球上观测到的各行星的星等

行星	星等
金星	−4.3
火星	−2.8
木星	−2.5
水星	−1.2
土星	−0.4
天王星	+5.7
海王星	+7.6

从左表中可以得知，我们在白天可以用肉眼清楚地观测到金星、木星等行星，却看不到恒星的原因。此外还可以得知，在上述行星中，金星最明亮，亮度是木星的$2.5^{1.8} \approx 5.20$倍。天狼星的亮度为负1.6等，金星的亮度为天狼星亮度的$2.5^{2.7} \approx 11.87$倍。就算是土星，也比天狼星和老人星之外的其他恒星明亮得多。

下面几个表格中展示的是，在金星、火星和木星上看到的天体的星等。

在金星上看到的天体的星等

天体名称	星等	天体名称	星等
太阳	−27.5	木星	−2.4
地球	−6.6	月球	−2.4
水星	−2.7	土星	−0.5

在火星上看到的天体的星等

天体名称	星等	天体名称	星等
太阳	−26	木星	−2.8
卫星福波斯	−8	地球	−2.6
卫星戴莫斯	−3.7	水星	−0.8
金星	−3.2	土星	−0.6

在木星上看到的天体的星等

天体名称	星等	天体名称	星等
太阳	−23	卫星Ⅳ	−3.3
卫星Ⅰ	−7.7	卫星Ⅴ	−2.8
卫星Ⅱ	−6.4	土星	−2
卫星Ⅲ	−5.6	金星	−0.3

　　从各自的卫星上看行星时，最亮的是卫星福波斯天空中的满轮火星，星等为−22.5；其次是卫星Ⅴ天空中的满轮木星，星等为−21；然后是卫星弥玛斯天空中的满轮土星，星等为−20，亮度大概是太阳的$\frac{1}{5}$。

　　最后，我们来看看在太阳系的行星上观测到的其他行星的星等。

在太阳系的行星上观测到的其他行星的星等

序号	行星	星等	序号	行星	星等
1	水星天空的金星	−7.7	8	金星天空的水星	−2.7
2	金星天空的地球	−6.6	9	火星天空的地球	−2.6
3	水星天空的地球	−5	10	地球天空的木星	−2.5
4	地球天空的金星	−4.4	11	金星天空的木星	−2.4
5	火星天空的金星	−3.2	12	水星天空的木星	−2.2
6	火星天空的木星	−2.8	13	木星天空的土星	−2
7	地球天空的火星	−2.8			

从上表可知，在这些大行星的天空中，水星天空中的金星是最明亮的天体，之后依次为金星天空中的地球和水星天空中的地球。

望远镜不能将恒星放大的原因

用望远镜对行星和恒星进行观测不太一样，望远镜会将行星放大，却会将恒星缩小，变成一个没有圆面的光点。前人第一次使用望远镜时，就觉得这一现象存在问题。根据考证，伽利略是第一位使用望远镜的科学家，他记录了这一现象：

"假如用望远镜来观测行星和恒星，它们的形状看上去并不相同。行星看起来是个圆面，仿佛一个小月亮，轮廓非常清晰；恒星非常模糊，甚至连轮廓都看不清楚。望远镜只会使它们看起来更加明亮，在亮度上，5等星和6等星与天狼星的差别非常大。"

要回答这一问题，我们需要重温一下视网膜的成像原理：如果一个人远离我们，他在视网膜上的成像会变小。如果这个人和我们的距离足够远，头部和脚部在视网膜上的成像会落在同一个神经末梢上，这代表此时我们看到的人会变成一个没有轮廓的点。望远镜的成像原理与之相同，因为恒星和我们相距非常遥远，所以它最后的成像将是一个点，望远镜并没有改变其大小，只是增强了该点的亮度而已。

我们观察物体时，假如视角小于1′，上述"面化点"现象就会出现，但如果用望远镜观察，即会放大所观察事物的视角，物体上的细节会在我们观察物体时延展到视网膜上相邻的神经末梢。"望远镜放大倍数为100倍"，指的其实是通过该望远镜进行观察时，相比于肉眼在相同距离时，物体的视角会放大到100倍。但是，如果观察的物体和我们离得非常遥远，放大后的视角还是小于1′，那么就算用望远镜，也无法观测到。

根据之前的理论，假如在月球这么远的距离上，用倍数为1000倍的望远镜对一个物体进行观测，直径大于或等于110米时，才能看清物体的细节；而如果是在太阳这么远的距离上，直径起码是40千米。所以，如果用同样的望远镜观测离我们最近的恒星，该恒星的直径至少是12000000千米。这数字非常大，太阳直径也仅为其 $\frac{1}{8.5}$。假如将太阳放在这颗恒星的位置，通过1000倍的望远镜观测，我们看到的只会是一个小点而已。即便使用如此高倍率的望远镜，该恒星的体积起码是太阳的600倍，才能看到一个圆面。同理，假设在天狼星那么远的距离上有一颗恒星，如果我们希望在望远镜中观测到一个圆面，则这颗恒星的体积起码应该是太阳的500倍。然而，大多数恒星都比天狼星更遥远，而且体积小于太阳，所以就算用最强大的望远镜，看到的也只是一些光点。

现在，让我们再来分析一下行星。天文学家往往会用中等放大倍率的望远镜观测行星，因为望远镜不仅会放大物体，还会把光线分散到更大的面积上。所以如果我们用望远镜来观察太阳系中较大的天体，天体的圆面会随着望远镜放大倍数的增加而变大，相应的成像也会随之变大，从而削弱天体的亮度，要想看清天体的细节就会更加困难。因此，天文学家只能用中等放大倍率的望远镜来进行观察，这样才能看清天体的细节。

有的读者或许会问：既然望远镜的缺点这么多，天文学家为什么还要用它观测恒星呢？原因如下：

首先，恒星的数量非常庞大，我们用肉眼只能看到很少的一部分，要想看到那些肉眼看不到的恒星，必须用望远镜。望远镜虽然不能放大恒星的大小，却会增加亮度，所以我们用望远镜可以在夜晚的天空中看到它们。

其次是精度问题。我们的眼睛能看到的范围非常有限，而且会被宇宙中某些假象所迷惑。比方说，肉眼只能在天空的某处看到一颗星星，但如果在望远镜的帮助下，人们会发现双星、三合星甚至更复杂的星团。望远镜不会放大恒星的视直径，却可以将它们之间的视距无限放大。所以，对某些非常遥远的星团来说，仅用肉眼的话，可能什么都看不见，或许只能看到一个光点，但借助望远镜，我们会发现它们竟然是由很多颗星星组成的星团，如图71所示。

最后就是视角的问题。用现代的巨型望远镜，天文学家可以拍摄视角达到0.01″的照片。这是望远镜的一个重要功能，它测量出的视角非常精确。那么，究竟能精确到何种程度呢？举例来说，假如一根头发在100米远的地方，或者有一枚硬币在1千米远的地方，我们可以用望远镜把它们看得一清二楚，用肉眼却什么都看不到。

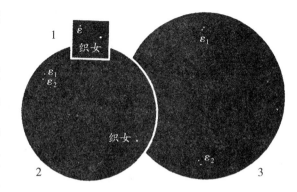

图71　不同观测状态下织女星附近的一颗恒星：1为肉眼观测到的场景；2为双筒镜观测到的场景；3为望远镜观测到的场景

恒星直径的测量

在1920年以前，人们往往只能猜测某颗恒星的大小，并把这颗恒星的大小和太阳进行比较，从而估算出一个平均值。那时，科学家们普遍认为根本没办法测量恒星的直径。当时，这对科学家们来说的确是不可能的事。

然而，从1920年开始，伴随物理学的进步，天文学也开始突飞猛进的发展。在新的方法和工具的帮助下，人们发现了测量恒星大小的方法。

这种方法并不复杂，靠的只是光的干涉现象而已。下面，我们来做一个实验。

实验所需的设备仪器：一架放大倍率为30倍的望远镜；一个距离望远镜10～15米的光源；一块割了直缝的幕布，宽度约为十分之几毫米；一个不透明的盖子，用来遮盖物镜，在其上沿水平线和物镜中心对称的地方扎两个圆孔，圆孔相距15毫米，直径为3毫米，如图72所示。

实验方法：（1）不要用盖子挡住物镜，用幕布遮住光源，通过望远镜进行观察，我们会发现一条狭长的缝，并且有暗弱的条纹分布在两侧；（2）用盖子挡住物镜后，会在中间明亮的狭条上发现很多垂直的黑暗条纹。如果我们遮住盖子上的一个小孔，这些条纹立马就不见了。因为光束在穿过盖上的两个小孔时互相干扰，条纹就是这样产生的。

如果物镜前面的那两个小孔可以移动，就是说，如果小孔之间的距离可以随意改变，那么我们还可以看到不同的现象。例如，如果小孔互相远离，前面看到的黑色条纹会变得越来越模糊，当小孔之间的距离变大到一定程度时，条纹就会消失。此时记下条纹消失时两个小孔的间距，观察者可以根据该距离判断出直缝的视角大小，进而可以根据幕布上的直缝与观察者之间的距离得出直缝的实际宽度。

同理，我们在测量恒星的直径时也可以用这个方法。提前在望远镜前的盖子上扎两个小孔，它们的距离可以任意改变。恒星的直径看上去太小了，所以我们选用的是倍数最大的望远镜。

图72　测量恒星直径的干扰仪器

此外，还可以用另外一种方法，即通过光谱来测量。此时，需要具备三个前提条件：一是恒星的温度；二是恒星的距离；三是恒星的视亮度。

根据恒星光谱，科学家很容易就能将恒星的温度计算出来。有了温度，可以求得1平方厘米的表面辐射能量。只要知道恒星的距离和视亮度，就可以计算出全部表面的辐射量。最后，将该结果除以1平方厘米的表面辐射量，得到的即是恒星表面的大小，从而求出恒星的直径。如今，天文学家已经用该方法计算出了部分恒星的直径，例如：五车二的直径约为太阳的12倍，参宿四的直径约为太阳的360倍，天狼星的直径约为太阳的2倍，织女星的直径大概是太阳的2.5倍，天狼星的伴星的直径差不多是太阳的2%。

由此可知，随着科技的高速发展，我们很容易便可以得出恒星的真正直径，完全不需要猜测。

恒星中的"巨人"

在已知恒星直径的前提下，可以计算出恒星的体积。当面对这些天体的数据时，它们的庞大肯定会让我们大吃一惊，要是在以前，这简直无法想象。

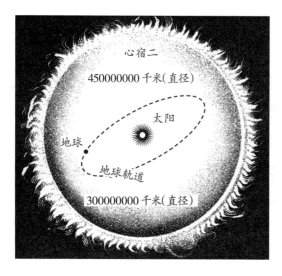

心宿二

450000000 千米(直径)

太阳

地球

地球轨道

300000000 千米(直径)

图73　心宿二的直径是地球轨道
直径的1.5倍

1920年，天文学家计算出了第一颗恒星猎户座 α 星参宿四的体积，它的直径大于火星的轨道直径，让人们倍感惊讶。紧接着，天蝎座中最亮的星心宿二的直径也被人们计算出来了，它的直径差不多是地球轨道直径的1.5倍，如图73所示。不仅如此，人们还计算出鲸鱼座中一颗星的直径，令人惊讶的是，它的直径居然是太阳直径的330倍。

在对这些"巨人"的物理结构进行分析后，天文学家们发现，它们的内部非常松软，里面所含的物质非常少，这一点与庞大的"体形"完全不符。有个天文学家形象地比喻说，这些恒星"就像是密度比空气小得多的气球"。事实确实如此，以参宿四为例，它的质量仅为太阳的几倍，体积却约为太阳的40000000倍，显而易见，它的密度小得可怜。如果太阳物质的平均密度和水类似，那么，参宿四的密度就和稀薄的大气差不多。

让人惊讶的计算结果

有的读者或许会提出这样的问题：如果把天空中的全部恒星首尾相接拼合起来，它们的面积是多少呢？我将给出的答案一定会让很多人大吃一惊。这个结果就是：如果把所有恒星的视面积合起来，它们在天空中的面积类似于一个视直径为0.2″的小圆面。现在，让我们一起来看看其中的原因。

如前所述，如果将望远镜里观测到的所有恒星的亮度加起来，就相当于是一颗负6.6等星。而负6.6等星的光辉比太阳暗20等，说得简单点就是，太阳光的强度是负6.6等星的100000000倍。只要假定所有恒星的平均温度和太阳表面的温度相等，就可以求出这颗星的视面积是太阳的 $\frac{1}{100000000}$ 。由于圆直径与其表面积的平方根成正比，所以，该星的视直径应为太阳的 $\frac{1}{10000}$ ，使用算术式表示就是：30′÷10000≈0.2″。

从该结果可以看出：如果把所有的恒星连起来，面积只占整个天空的200亿分之一。

特别重的物质

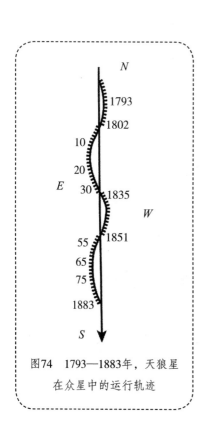

图74 1793—1883年，天狼星
在众星中的运行轨迹

用手端起一只装有水银的杯子，我们会觉得它非常重，完全超出了想象。这是因为水银的密度非常大。水银之所以成为人们研究和关注的对象，就是因为这个特性。或许有的读者会问，宇宙中有类似的物质吗？当然有。现在，我们就来看一下，截至目前，在发现的天体中，哪一个最重。

这个天体就是天狼星周围的一颗小星。在讨论这颗小星之前，先插一句题外话。我们已知天狼星的运行轨迹是一条曲线，而不是直线，如图74所示。正因为如此，天文学家早就对天狼星产生了极大的兴趣，专门展开了研究。

直到1844年，海王星仍未被发现。德

国著名天文学家贝塞尔提出了一个推论：天狼星的周围必定有一颗伴星，而且，由于该伴星引力的作用，天狼星的运行轨迹发生了变化。然而在他有生之年，这个推论并没有得到证实。直到1862年，天文学家才借助望远镜发现了这颗伴星，贝塞尔的推论总算是得到了证实。

后来，伴随日益深入的研究，知道这颗伴星的人越来越多。人们还发现，它身上有一种非常奇特，甚至是有些荒诞的现象，这在宇宙中是第一次。所以天文学家反复进行试验，结果显示：这颗星所含的物质，差不多比同体积的水重60000倍，一杯这颗星的物质重约12吨，需要一节货运火车才能拉动。

天文学家称呼这颗伴星[①]为"天狼B"星，它绕主星旋转一周大约需要49年，星等仅为8～9等，这表明它是一颗暗星。然而，它的质量相当大，大概是太阳质量的0.8倍。它与主星之间的距离和海王星到太阳的距离差不多，约等于地球到太阳距离的20倍，如图75所示。进行更深入的比较，我们会发现它的其他特点：如果将太阳放在天狼星的距离上，太阳的星等是3等。若将这颗星放大，使其表面和太阳表面之比和二者的质量之比相等，则这颗星就会变亮，相当于一颗4等星，而不再是8～9等星。

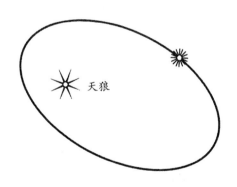

图75　天狼星伴星绕天狼星运行的轨道。天狼星并没有在该椭圆形轨道的焦点上，椭圆形轨道也因为投影的缘故发生歪曲，因此我们看到的轨道平面是倾斜的

---

① 天狼星可能是一个三合星，原因为它的伴星本身或许还有一颗伴星，该伴星光线很暗，旋转周期约为1.5个地球年。

最初，天文学家认为，这颗星之所以无法发出足够的光芒，看上去很暗，是因为这颗星的表面温度太低了。他们还认为，一层固体的壳覆盖在这颗星的表面之上，所以，他们又称这颗星为"冷却的太阳"。在相当长一段时间内，人们普遍对这种看法持认同的意见，然而直到几十年前，人们才发现，虽然这颗星很暗，但它并不是"冷却的太阳"或"即将熄灭的恒星"，其表面温度甚至比太阳还要高得多。它看起来比较暗，其实是因为它的表面积比较小。

通过大量的计算，天文学家们得出：这颗星发出的光是太阳的 $\frac{1}{360}$；根据之前所述光与半径的关系，可知它的半径应为太阳的 $\frac{1}{\sqrt{ü}}$，即 $\frac{1}{19}$。也就是说，天狼星伴星的体积是太阳的 $\frac{1}{6800}$，质量却是太阳的 $\frac{8}{10}$，可见，这颗星的密度非常大。此外，一些天文学家的计算结果更精确：该星的直径为40000千米，所以密度大概是水的60000倍，如图76所示。

图76 天狼星伴星的物质密度约为水的60000倍，几立方厘米物质的质量和30个人的重量差不多

"警醒吧，物理学家们，你们的领域正在面临被侵犯的威胁"，这是开普勒的一句名言，虽然他当时另有所指，但用在此处同样合适。普通原子中的空间在固体时已经非常小了，几乎无法再对其中的物质进行压缩。即使是现在，普通条件下也难以想象如此大的密度。事实上，就算是物理学家，也从来没有考虑过这样的事情。

唯一的可能就是，所谓"残破的"原

子——失去绕核转动电子——在起作用。一个普通原子的体积和一个原子核相比，差不多等同于一所大房子与一只苍蝇。电子的质量几乎为0，所以原子的质量主要在原子核上，如果原子失去电子，直径差不多会缩小到最初的 $\dfrac{1}{1000}$，质量却几乎不会减少。因此，只要星球受到非常大的压力，作为核心的原子核就会以超乎想象的幅度接近彼此，这种幅度非常大，甚至可能达到普通原子间距离的数千分之一，从而使星球的密度变得非常大，最终形成一种密度极大的物质。随着对这一现象的研究日益深入，越来越多的类似物质已被发现。例如，有一颗12等星，体积小于地球，它所含物质的密度却是水的400000倍。天狼B星的密度则远远小于这颗星。

如果你认为这是密度最大的星星，那就大错特错了。1935年，天文学家在仙后座中发现了一颗13等星，体积约为地球的 $\dfrac{1}{8}$，质量却比太阳更大，大约是太阳的2.8倍。如果用普通单位表示，每立方厘米这种物质的质量为36000000克，约为天狼B星的500倍。也就是说，在地球上，1立方厘米的这种物质重达36吨，这一密度是黄金的200万倍[①]。大家都知道，原子核直径仅为原子直径的 $\dfrac{1}{10000}$，所以它的体积小于原子体积的 $\dfrac{1}{10^{12}}$。站在理论的角度，如果物质只有原子核，上述星体密度确实有可能存在。例如，1立方米金属所含有的原子核体积约为 $\dfrac{1}{10000}$ 立方厘米，如果所有的质量都集中在如此小的体积上，那么这块金属的密度就相当大，计算结果显示，1立方厘米该物质的原子核大约重1000万吨，如图77所示。

---

① 这颗星中心部分的物质密度大到令人难以置信，大概为100亿克立方厘米。

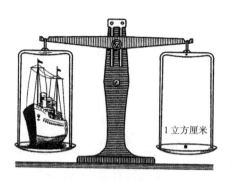

图77 1立方厘米的原子核的质量
和一艘远洋轮船的质量差不多，如
果原子核排列得很紧密，1立方厘
米的原子核甚至可以达到1000万吨

大千世界，无奇不有。随着科技的进步和人类视野的拓宽，若干年前认为不可能的事情很多都变成了真的。比方说，以前人们以为，世界上根本不存在密度比白金大几百万倍的物质，现在我们知道了，这种说法并不准确。

"恒星"名称的由来

我们常常会提到"恒星"或"行星"，假如仅从字面上来看，"恒"

表示稳定不变，"行"则意味着不断变化，这的确诠释了它们的基本区别。之前，人们正是考虑了它们的不同特点才进行命名的："恒星"是指相对静止、稳定的星星，"行星"指的则是绕着恒星不断运转的星星。虽然恒星也会运动，比方说参与天空中绕地球进行昼夜升降的运动，但固有位置并不会因为这种运动而发生任何改变，行星的位置却在不停地变化。

事实上，宇宙中的所有恒星彼此之间都在进行相对运动，太阳亦然，而且，它们的运动速度不比行星慢，平均速度约为30千米／秒，可见，恒星并不是和我们想象的一样静止不动。恰恰相反，我们在恒星世界里发现了一颗星，它和太阳之间的相对速度为250~300千米／秒，所以得到了"飞星"的美名。

也许有人会问，如此疯狂的运动，为什么既感受不到，也看不到呢？我们仰望星空时，看到它们一直停留在同一个位置，一点儿变化都没有。如果说千百年来它们一直老老实实地待在天空中，那么每年走几十万千米又是怎么回事呢？

其中的原理理解起来并不难。因为这些恒星离我们实在是太遥远了。很多人都有过类似的体验：身在高处看地平线上奔跑的列车，会觉得它就像蜗牛爬行一样。但只要我们走近一看，就会发现火车其实跑得非常快，甚至让我们头晕目眩。同理，由于恒星和我们离得实在太遥远了，远远超出了想象，所以，我们丝毫感觉不到它的速度和运动。

最亮的恒星和我们之间的距离大约是800亿千米，它每年大约运动10亿千米，因此我们和它的距离每年都会缩小80万分之一，这个比例非常小。假如把它放到地球的夜幕上，这个比例会更小。人们在观察时，眼睛随这颗星移动的视角不超过0.25秒，就算是最精确的仪器，也只能勉强分辨这么小的角度。如果用肉眼观察，无论看多长时间，都不可能察觉其中的变化。

如图78、79、80所示，通过无数次测量，天文学家发现了天体的移动，并得出了一些结论。

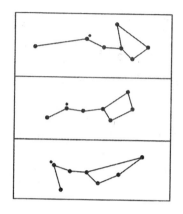

图78　星座运行变化很
慢，图中从上到下分别是
大熊星座10万年前、现在
以及10万年后的形状

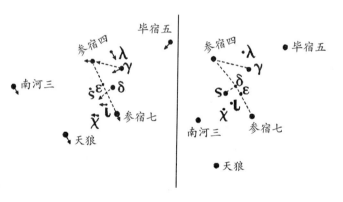

图79　猎户座的恒星运动方向。左图为
现在的状态，右图为5万年后的状态

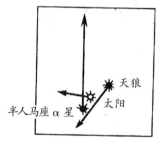

图80　三颗相邻的恒星——
太阳、半人马座α星以及天
狼星的运动方向

实际上，用肉眼观察时，它们确实是恒久不变的，所以我们不能简单地
认为"恒星是恒久不变的"是错误的。此外，尽管恒星始终在飞速运动，但
它们相遇的可能性微乎其微，如图81所示。

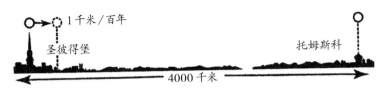

图81　恒星运动比例图。将两颗球分别放在圣彼得堡
和托姆斯克（代表两颗恒星）两地，它们之间每100年
会相互靠近1千米，相遇的概率几乎等于0

天体之间的距离用什么单位呢

望远镜的发明，让我们在观测星空时方便了许多。工具固然重要，理论知识也至关重要，尤其是对于长度测量方面，究竟应该采取什么计量单位呢？下面，就来探讨一下。

我们通常采用的长度单位是千米或海里（1海里约为1852米），但这些单位在测量宇宙时并不适用。例如木星到太阳的距离，如果用千米作为计量单位，则是78000万，这和用毫米来表示一条铁路的长度一样麻烦。

为了描述时更简单，天文学家们采用的是更大的长度单位，以地球到太阳的平均距离（149500000千米）为长度单位，即我们所说的"天文单位"。这样一来，计算时可以省略很多0，方便极了。根据这一计量单位，木星到太阳的距离为5.2，土星为9.54，水星则为0.387。

然而，该单位只在太阳系中才适用，假如用它来表示太阳到其他恒星的距离，还是不够大。比方说，半人马座的比邻星[①]是离我们最近的一颗恒星，假如用上述单位来表示它与地球之间的距离，就是260000，该数字仍然很大，非常不方便，而且，很多恒星和我们的距离远远超过了这个数值。于是，天文学家们又提出了新的单位，即"光年"和"秒差距"。

所谓"光年"，就是光一年所走过的距离，1光年与地球轨道半径长度的比值，和1年与8分钟的比值相等。试想一下，光从太阳到地球所需的时间为8分钟，由此可以想象到这个单位有多大。如果用千米来表示1光年，就相当于9460000000000千米，大概是95000亿千米。

而"秒差距"比光年更大，它通常用来计算星际间距，是天文学中的"常客"，其来源却比光年复杂得多。现在，我们就来见识一下它的大小。

先来了解一个新概念——"周年视差"，它表示在天体上看地球轨道半径时的视角，所以周年视差其实就是视角。假如在某个点上看地球轨道半径时，视角恰好为1秒，那么，该点与地球轨道之间的距离就是1秒差距。

从这个单位可以看出，天文学家将"秒"和"视差"这两个词糅合起来，构建出了"秒差距"。

此外，通过计算，天文学家得出：1秒差距相当于206265个天文单位，等于3.26光年，即30800000000000千米。我们还是以之前提到的半人马座中的比邻星为例，它的视角为0.76秒，而距离和视角成反比，因此这颗星与我们相距 $\frac{1}{0.76}$ 或1.31秒差距。

---

① 比邻星与半人马座 α 星是并列在一起的。

现在，我们再来看看分别用秒差距和光年表示的几颗恒星的距离。

恒星名称	秒差距	光年
半人马座α星	1.31	4.3
天狼星	2.67	8.7
南河三	3.39	10.4
河鼓二	4.67	15.2

表中的这些恒星和我们离得并不远，如果要将上面的单位换成千米，计算方法如下：先将第一列中各数乘30，并在结果后面加上12个"0"。"千秒差距"比光年、秒差距还要大，它是"秒差距"的1000倍，就像千米和米一样。之所以采用该单位，自然是因为光年和秒差距仍然不够大。只需要简单计算一下，我们就可以得知，千秒差距约等于30800万万万千米。假如用千秒差距表示银河系的直径，约为30，而我们和仙女座星云的距离约为205千秒差距。可见，这样表示的确非常简单。

随着天文学家对空间的研究日益深入，上面提到的这些单位还是太小了，于是更大的单位诞生了，例如"百万秒差距"。各个天文单位之间的关系列举如下：

1百万秒差距=1000000秒差距

1千秒差距=1000秒差距

1秒差距=206265天文单位

1天文单位=149500000千米

你知道百万秒差距到底有多长吗？假如将1000米缩小到头发粗细，则百万秒差距就是15000万万千米，约为地球到太阳距离的1万倍。为了让你们更好地理解这一单位，我们来看一个形象的例子。大家都知道，蛛丝的质量随着长度的增加而增加。举例来说，假如有一条蛛丝连接莫斯科和圣彼得堡，它的重量约为10克。如果是连接地球和月球，那么，这条蛛丝的重量为8千克，而连接地球和太阳的蛛丝可达3吨。但是，如果这条蛛丝的长度为一百万秒差距，它的重量就是600000000000吨。

距离太阳最近的恒星系统

如上所述，飞星和半人马座 α 星是离太阳最近的恒星。

飞星是一颗小星，属于蛇夫座，星等为9.5等。它是北半球天空中离我们最近的恒星，与我们之间的距离约为半人马座 α 星的1.5倍。为何被称为飞星呢？这是因为它运动时与太阳成一定的倾斜角，而且运动速度非常快，一万年内会两次逼近地球。此时，它和我们的距离比半人马座 α 星还要近得多。

我们早就观测到了半人马座 α 星，但对它的认识是很长时间之后的事。一开始，我们认为这是一颗星，后来观测到它是双星。最近，人们又在半人马座 α 星周围观测到一颗星等为11等的星，说明它是一个三合星。至此，我们才对这颗星真正有了系统的认识。即使后来观测到第三颗星和另外两颗星相距大于2°，但由于它们的运动速度和方向相同，所以还是把它当成半人马座α星的一员。

人们还给第三颗星取了一个名字，即比邻星，在半人马座α星的这三颗星中，比邻星离我们最近，距离约为2400天文单位。这三颗星的视角分别是：

半人马座α星（A和B）：0.755秒。

比邻星：0.762秒。

如图82所示，这个三合星看起来奇形怪状。它们之所以会呈现这种形状，完全是因为彼此之间的距离太大了：A星与B星相距34天文单位，而比邻星和它们相距约13光年。

A星与B星围绕三合星的重心旋转一周所需的时间为79年，比邻星则超过100000年。它们的位置会在运动过程中发生改变，只是变化非常小，因此比邻星根本不用担心另外两颗星抢走自己"最近恒星"的名号，对于A星和B星来说，这绝非短时间内可以做到的事情。

最后，再来了解一下这几颗星的物理性质。

不管是亮度、质量还是直径，半人马座α星中的A星都大于太阳，如图83所示。B星的质量则小于太阳，亮度仅为太阳的$\frac{1}{3}$，直径则是太阳

半人马座α星

比邻星

图82 半人马座α星中的A星、B星和比邻星是离太阳最近的恒星

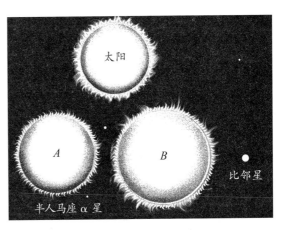

图83 半人马座α星中的三颗星与太阳的体积对比图

的$\frac{6}{5}$。大家都知道，太阳的温度大约是6000℃，B星的表面温度是4400℃。

比邻星的颜色为红色，表面温度仅为太阳的一半，即3000℃。比邻星的直径大概在木星和土星之间，质量却非常大，约为它们的几百倍。比邻星与A、B两星之间的距离是冥王星与太阳之间距离的60倍，是土星到太阳距离的240倍，它却和土星差不多大。

宇宙的比例尺

前面，我们曾构造了一个缩小的太阳系模型，目的是在描述太阳系的大小时更简单。本节，我们会把该模型放到恒星中，看看它会发生什么变化。

在该模型中，我们用别针头表示地球，用直径为10厘米的网球表示太阳，用直径为800米的圆表示太阳系。在以下讨论中，我们继续用该比例尺，但要把它们的单位换成"千千米"。此时，地球的圆周长为40，地球到月球的距离为380。接下来扩展一下该模型，将其放到地球之外来看。首先来看离我们比较近的地方，上一节中提到，离我们最近的恒星是半人马座中的比邻星，它与网球相距2600千米；天狼星则位于5400千米之外；河鼓二星和网球相距9300千米。然后是织女星，它与该模型的距离为22千千米；大角为28千千米；五车二为32千千米；轩辕十四为62千千米；再就是天鹅座的天津四，它和该模型的距离超过了320千千米，和月球到地球的距离差不多。

继续参考该模型，让我们将目光看得更远一些。例如，在这个模型中，银河系中最远的恒星和我们之间的距离为30000千千米，约为月球到地球距离的100倍。如果是银河系之外的其他星系，我们同样可以用该模型来进行比较。例如，仙女座星云和麦哲伦云，它们非常亮，在晚上，我们用肉眼就能看到。在该模型中，小麦哲伦云的直径是4000千千米，大麦哲伦云的直径是5500千千米，它们和整个银河系模型的距离为70000千千米。而仙女座星云的直径更大，大概是60000千千米，银河系模型为500000千千米，这几乎是我们到木星的真实距离！

现在，大家应该对该模型有了深刻的了解。现代天文学的研究远不止这些，除了仙女座星云和麦哲伦云之外，它还涵盖了银河系以外的那些恒星，即我们口中的河外星云，它们和太阳的距离约为600000000光年。亲爱的读者朋友，如果你们有兴趣，可以用上面的模型来计算这些河外星云和我们的距离，以及它们所在的位置。利用这个模型，还可以帮助我们重新认识和定位宇宙的大小。

第五章

万有引力

向上垂直发射的炮弹

不知你是否想过这个问题：假如我们在赤道上用一门大炮向天空竖直发射一枚炮弹，炮弹最终会落到什么地方？

这个问题最早出现在一本杂志上，当时引起了人们的激烈争论。假设我们可以发射的炮弹的初速度为8000米／秒，方向垂直向上，70分钟后，它会到达6400千米的高度，正好和地球的半径相等。下面，我们就来看看那本杂志上的相关报道：

"假设这枚炮弹在赤道上竖直向上发射，那么，从飞出炮口的那一刻开始，它就具备了一个向东旋转的地球自转速度，即465米／秒。此后，炮弹会以该速度在赤道上空沿赤道作平行运动。而在炮弹发射的瞬间，位于正上方6400千米处的点正沿着半径为2倍的圆周向前运动，速度则正好是之前的2倍。很明显，它们都是向东运动的，而且6400千米处的点运动速度超过了炮弹。所以，炮弹到达的最高点应该位于出发点正上方的西边，而不是出发点的正上方。同理，炮弹下落时，情况相仿。在历经发射升空到下落的过程后，炮弹会落到出发点的西边，此处与出发点大约相距4000千米。只有在发射炮弹时使炮身倾斜5°，而不是竖直向上发射，炮弹才会正好落到出发点。"

对此，弗拉·马利翁在《天文学》中进行了另一番诠释：

"假如我们用大炮竖直向上发射一枚炮弹，这枚炮弹正好会落到发射点，并掉到炮口里。在炮弹上升和下降的过程中，尽管大炮也随着地球一起向东运动，但炮弹在上升时，同样会在地球自转的影响下得到相同的自转速度。所以，来自地球和炮口的两个力互不相干：假设它上升了1千米，那么它会同时向东运动6千米。炮弹的运动轨迹从空间上看其实就是一个平行四边形的对角线，而且边长分别为1千米和6千米。炮弹在下降过程中会受到重力的影响，此时的运动轨迹正好和该平行四边形的另一条对角线重合。说得更准确一点，它下降时是加速运动，所以运动轨迹应该是一条曲线。总而言之，炮弹最后的归宿是最初发射时的炮口。

"然而，要验证这个实验并非易事。一方面，我们几乎找不到如此精确的大炮；另一方面，让炮口完全垂直简直比登天还难。17世纪，吉梅尔森和军人蒲其曾进行过该实验，令人遗憾的是，他们只发射了炮弹，却没有找到落下来的炮弹。1690年，瓦里尼昂的《引力新论》出版了，封面上画着一座大炮，有两个人站在旁边，一直目不转睛地望着天空（图84）……

"后来，他们又把这个实验重复了很多次，炮弹却始终没有落下来，自然也没能得到期待的结果，至于其中的原因，无人知晓。最后，他们得出了

图84　垂直向上发射炮弹的示意图

一个结论：炮弹永远地留在了空中，再也不会回来。瓦里尼昂曾口口声声说道：'炮弹竟然会始终悬在我们的头顶！简直太不可思议了！'后来，斯特拉斯堡也进行了这一实验，发现炮弹落在了距离大炮几百米的地方。事情再明显不过，他们都失败了，主要是因为炮口不够垂直。"

从以上示例可以看出，该问题仍颇具争议。有人认为炮弹会落在距离发射点很远的西边，有人却坚持认为炮弹会落回炮口里，孰对孰错？

严格地说，这两种观点都不正确。事实上，炮弹会落到发射点西边的某个位置，但比前面说的近，当然，炮弹根本不可能落回炮口。

只用基本数学无法解释这个问题，在此，我们只给出推算结果。

假设炮弹初速度为v，地球自转角速度为ω，重力加速度为g，则通过以下公式，可以得出炮弹最后的落地点（大炮西边）到发射点的距离：

在赤道上：

$$x = \frac{4}{3}\omega\frac{v^3}{g^2} \tag{1}$$

在纬度φ上：

$$x = \frac{4}{3}\omega\frac{v^3}{g^2}\cos\varphi \tag{2}$$

现在，我们就根据上述公式来回答之前的问题，已知：

$$\omega = \frac{2\pi}{86164}$$

$$v = 8000 米／秒$$

$$g = 9.8 米／秒^2$$

将上述数据代入式（1），可得：

$$x = 50 千米$$

所以，炮弹会落在大炮西边，并且与炮口相距50千米，而不是所谓的

4000千米。

假如用上式来解决弗拉·马利翁的问题，炮弹并不在赤道发射，而是在一个靠近巴黎、纬度为48°的地方，炮弹初速度为300米／秒，即：

$$\omega = \frac{2\pi}{86164}$$
$$v = 300米／秒$$
$$g = 9.8米／秒^2$$
$$\varphi = 48°$$

将上述数据代入式（2），可得：

$$x = 1.7米$$

由此可见，炮弹落地点与炮身之间的距离为1.7米，而不会像那位天文学家说的那样落回炮口中。需要说明的一点是，我们把气流对炮弹的偏向作用忽略不计，所以，实际距离与该数值会存在一定的偏差。

物体在高空的质量变化

在上一节的讨论中，我们忽略了一个问题，即物体的重力会随着物体与地面距离的增大而减小。其实，万有引力就是我们口中的重力。根据牛顿定律，两个物体间的引力与它们之间距离的平方成反比。就是说，两个物体间的引力会随着距离的增大而减小。在计算重力时，我们总是习惯性地把地心当作地球质量的集中点，地球和物体之间的距离就是地心到物体的距离，等于物体与地面的距离和地球半径之和。6400千米高空，相当于地球半径的2倍，地球引力是地球表面引力的$\frac{1}{4}$。

如果把这一规律用于竖直向上发射的炮弹，由于炮弹在高空时受到重力的影响较小，它上升的高度明显比不考虑重力影响的情况大。假设炮弹的初速度为8000米／秒，如果考虑重力随高度变化的因素，炮弹能够达到的最大高度应该为6400千米，但如果对这个因素忽略不计，直接套用公式，得到的结果仅为该数值的一半。对此，我们可以通过下面的计算来进行验证。在物理学和力学中，假如一个物体竖直上升的初速度为v，重力加速度g不变，可以用以下公式来计算出它达到的最大高度：

$$h = \frac{v^2}{2g}$$

其中，v=8000米／秒，g=9.8米／秒^2。

即：

$$h = \frac{8000^2}{2 \times 9.8} = 3265000 = 3265（千米）$$

可见，该数值差不多是地球半径（6400千米）的一半。此时忽略了重力随高度变化的影响，所以产生的误差非常大。炮弹升得越高，地球与炮弹之间的引力就越小，而炮弹的初速度保持不变，所以此时炮弹会升到更高的位置。

要说明的是，我们没有怀疑传统物理公式的正确性的想法，在公式的适用范围内，它仍然是适用的。一般来说，在物体与地面离得不太远的前提下，完全可以忽略重力减小的影响。比方说，一个物体竖直上升的初速度是300米／秒，在该过程中，它的重力减小得并不明显，可以忽略不计，所以完全可以用上述公式来进行计算。

根据这一规律，如果火箭或飞船升到高空，在离地球非常远的地方，重力是不是会变得很小呢？也可以这样说，一个物体在非常高的空中，质量会发生什么样的变化呢？1936年，一位叫康斯坦丁·康基纳奇的飞行家特意对此进行了实验。当时，这位飞行家做了三次试验，每次带的物体都不一样重，这样便可以知道当物体达到一定高度时，它的质量会发生什么样的变化。第一次，他带着0.5吨的物体升到了11458米的高空。第二次，他带着1吨的物体升到了12100米的高空。第三次，他带着2吨的物体抵达了11295米的高空。实验结果怎样呢？有的读者或许认为，地球的半径是6400千米，仅仅是在该基础上增加了12千米，变化很小，对质量的影响小到可以忽略不计。但实际结果却让我们大吃一惊，距离只增加了一点儿，物体的质量却轻了很多。

下面，就来具体分析一下第三次实验：物体在地面时的质量为2吨，飞在11295米的高空，相当于地面上的 $\dfrac{6411.3}{6400}$ （分数写法）倍，因此物体在空中和地面所受到的引力之比为：

$$1:\left(\dfrac{6411.3}{6400}\right)^2 \text{ 或} 1:\left(1+\dfrac{11.3}{6400}\right)^2$$

所以，在11295米高空，物体的质量为：

$$2000\div\left(1+\dfrac{11.3}{6400}\right)^2 \text{（千克）}$$

利用近似值算法，得到的结果是1993千克。这意味着，2吨重的物体升高到11.3千米的高空后，质量会减少7千克！如果换成1千克重的砝码，则在该高度，它的质量会减少为996.5克。

事实上，此类例子数不胜数：俄国的一艘平流层飞艇飞到22千米的高空时，发现每千克质量减少了7克。同样，1936年，飞行员尤马舍夫携带5000千克重的物体飞到8919米的高空时，物体的质量减少了14千克。

依据上述方法，我们可以来分析一下下面两种情况：

（1）1936年11月4日，飞行员阿列克谢耶夫携带1吨重的物体飞到12695米的高空时，物体质量的变化情况如何？

（2）1936年11月11日，飞行员纽赫季科夫携带10吨重的物体飞到7032米的高空时，物体质量的变化情况又如何？

用圆规来画行星轨道

开普勒发现了行星运动的三大定律，其中的第一定律为：行星全都在椭圆轨道上运行。很多人对该论述感到不可思议：太阳对各个方向物体的吸引应当是均匀的，而且，引力会随着距离的减小而同等程度地减小，那么，行星的运行轨道为什么不是圆形而是椭圆形呢？就算是椭圆轨道，为什么太阳不是位于轨道中心呢？

如果是用数学方法来分析这个问题，必须用到高等数学的相关内容，而且过程十分复杂。有没有这样一种方法，只用简单的实验和初级数学理论，就把问题解释得清清楚楚呢？当然有，而且只需要尺子、圆规和一张大一些的

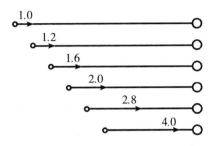

图85　行星与太阳离得越近，受到的太阳引力就越大

白纸就行了，是不是很简单？现在，我们就来看一下到底是怎么做的。

如图85所示，图中的大圆圈代表太阳，小圆圈代表行星，箭头代表万有引力，箭头的长短代表引力的大小。

我们假设某颗行星和太阳之间的距离为1000000千米，在图中画一条5厘米的线段表示这一距离，即图中比例尺为1厘米表示200000千米。用0.5厘米长的箭头表示太阳对这颗行星的引力。假设在引力的作用下，行星离太阳越来越近，直至与太阳相距900000千米，即图中4.5厘米处。根据万有引力定律，

此时太阳对这颗行星的引力会变成原来的 $\left(\dfrac{10}{9}\right)^2$ 倍，即1.2倍。一开始，我们用0.5厘米的箭头表示它们之间的引力，则表明此时引力的箭头长度应该是原来的1.2倍，即0.6厘米。如果行星到太阳的距离变成800000千米，即图中4.0厘

米处，此时的引力会变成原来的 $\left(\dfrac{5}{4}\right)^2$ 倍，即1.6倍，箭头会变成0.8厘米。假如行星继续向太阳靠近，它们之间的距离就会分别缩短至700000千米、600000千米和500000千米，这意味着引力的箭头会相应地变成1厘米、1.4厘米和2厘米。

在相同的时间里，天体在引力作用下的位移与该引力的大小成正比。因

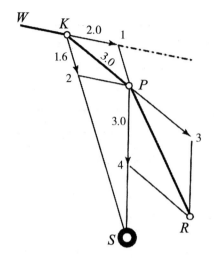

图86　由于太阳S的作
用，行星运动的轨迹
WKPR发生了弯曲

此，上述箭头不仅可以用来表示引力大小，还可以用来表示天体位移的大小。

绘制还可以继续，我们甚至可以绘制行星位置的变化图，即这颗行星绕日运行的轨道。如图86所示，假设在某个时刻，有一颗与图中行星质量相等的行星以2.0个单位的速度沿WK方向运动到点K。如果此时行星和太阳之间的距离为800000千米，则在引力的作用下，过一段时间后，它就会运动到距离太阳1.6个单位的位置。假设在该时间段，行星沿WK方向运动了2.0个单位的长度，运动轨迹就是以K1、K2为两边的平行四边形的对角线KP。由图中可知，该对角线的长度为3.0个单位。

行星到达点P后，会继续以3.0个单位的速度沿KP方向运动，此时，它和太阳之间的距离为PS=5.8单位；在太阳引力的作用下，这颗行星会沿PS方向运动P4=3.0个单位。

从图86可知，我们必须停止绘制，因为比例尺过大。要想绘制更大的轨道范围，就必须缩小比例尺，这样做的好处是：绘制的直线连接处比较平滑，不再是尖角，看上去和行星的运行轨迹更加接近。如图87所示，这张图采用小比例尺绘制，从该图上，我们一眼就能看出太阳和行星之间的相互影响，在太阳引力的影响下，行星偏离了初始运行路线，变为沿曲线P Ⅰ Ⅱ Ⅲ Ⅳ Ⅴ Ⅵ运动。而且，由于比例尺较小，图中连线的尖角非常平滑，看起来就是一条光滑的曲线。

现在，根据几何学上的帕斯卡六边形定理，我们来对轨道曲线的类型进行分析。首先，在图87上盖一张透明的纸，在图中轨道上选取任意6个点，将其描在纸上，并随意对它们进行编号，再按编号顺序用线段将这6个点连起来，就可以得到一个行星轨道上的六边形（可能有些边会相交），如图88所示。然后，延长线段1—2和线段4—5，使其延长线在点Ⅰ处相交。同样的道理，延长线段2—3和线段5—6，使其延长线在点Ⅱ处相交，延长线段3—4和线段1—6，使其延长线在点Ⅲ处相交。如果这条轨道曲线是椭圆、抛物

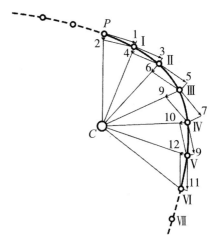

图87 由于太阳C的引力作用，行星P偏离原来的运行轨迹，改为曲线运动

线或双曲线，即某种圆锥曲线，则点Ⅰ、Ⅱ和Ⅲ会在同一条直线上。

根据帕斯卡六边形定理，只要我们绘制的图足够精确，这三个交点就一定在同一条直线上，进而证明轨道曲线就是圆锥曲线，即椭圆形、抛物线或双曲线中的一种。

我们也可以用这个方法来证明开普勒的行星运动第二定律，即面积定律。如图21所示，图中轨道被12个点分成了12段，每一段弧长表示行星在相同时间里走过的路程，长度各不相同。如果分别用线段将太阳和这12个点连起来，可以得到12个近似三角形。然后，再连接相邻各点，得到的就是一个封闭的三角形。只要将各三角形的底和高测量出来，便可以得到它们的

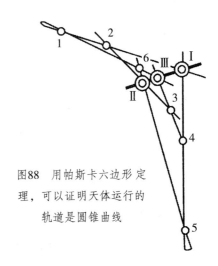

图88 用帕斯卡六边形定理，可以证明天体运行的轨道是圆锥曲线

面积。我们会发现，这些三角形的面积都是一样的，从而证明了开普勒第二定律，即行星运行轨道的向量半径会在相同的时间内扫过相等的面积。

综上所述，只要用一个小小的圆规，我们就能证明两条有关行星运动的定律，这实在是太奇妙了。但令人遗憾的是，我们只能用笔来证明第三条定律。

朝着太阳坠落的行星

你是否想象过：有一天，我们生活的地球突然不再绕着太阳公转，那会发生什么？有的读者或许会说：地球肯定会剧烈地燃烧，因为如此庞大且不断运动的行星一旦停止运动，必定会通过其他方式释放所储存的巨大能量，最终只会转变为热能；再者，地球始终在进行高速运动，而能量转化的瞬间足以使其化成一团炙热的烟雾。

就算地球有幸逃过此劫，也一定逃不过另一种更大的灾难。大家都知道，如果地球停止公转，那么它一定会在太阳的强大引力作用下慢慢地接近太阳，最终在太阳炙热的火焰中焚烧殆尽。

在这个过程中，地球下落的速度会越来越快。刚开始的第一秒，地球或许只会向太阳靠近3毫米，但在此后的每一秒，地球的速度都会成倍增长，最终，地球会以高达600千米／秒的速度撞击太阳炙热的表面。

那么，这个过程会持续多久呢？根据开普勒第三定律，对于时间和距离，它们遵循以下关系：无论是什么行星，运行轨道半长轴的立方与其绕日公转周期的平方之比保持恒定不变。

由此，我们可以将向太阳坠落的地球看成一颗沿椭圆形轨道运行的彗星，该轨道颇为扁长，其中一个端点在地球轨道的周围，另一个端点则是太阳中心。因此，彗星轨道的半长轴就是地球轨道的 $\dfrac{1}{2}$，我们有以下比例式：

$$\frac{（地球绕日周期）^2}{（彗星绕日周期）^2} = \frac{（地球轨道半长径）^3}{（彗星轨道半长径）^3}$$

地球绕日公转的周期是365天，假设地球轨道的半长轴为1，那么，彗星轨道的半长轴为0.5，将这些数据代入上式得：

$$\frac{365^2}{（彗星绕日周期）^2} = \frac{1}{0.5^3}$$

由此可得：

$$（彗星绕日周期）^2 = 365^2 \times \frac{1}{8}$$

因此：

$$彗星绕日周期 = 365 \times \frac{1}{\sqrt{8}} = \frac{365}{\sqrt{8}}（天）$$

对于这一节中的问题，我们的目的并不在彗星的绕日周期上，不过是想求出该彗星从轨道一端到另一端所需的时间而已，即地球从当前位置坠落到太阳上所需的时间，即地球坠向太阳持续的时间。

因此：

$$\frac{365}{\sqrt{8}} \div 2 = \frac{365}{2\sqrt{8}} = \frac{365}{\sqrt{32}} \approx \frac{365}{5.66}$$

答案为64天。这意味着，如果地球公转突然停止，那么它会在两个多月后和太阳表面发生撞击。

事实上，无论是什么行星甚至是卫星，上述比例式都适用，想计算行星或卫星坠落到它们的中心天体所需的时间，用该天体的绕日公转周期除以5.66就行了。

举例来说，水星离太阳最近，它的绕日公转周期为88天。由计算可得，假如它坠向太阳需要15.5天；海王星的绕日公转周期约为地球的165倍，如果它坠向太阳，大概要在29.5年才会坠落到太阳上；如果换成冥王星，需要44年。

同理，我们可以计算出，如果月球突然停止转动，大约5天后就会坠落到地球表面。其实，只要和月球的远近相似，如果只受到地球引力的作用且初速度为零，它大约会在5天后坠落到地球表面。显而易见，此处并没有考虑太阳的影响。所以，我们在该公式中找到了凡尔纳小说《炮弹奔月记》中提出的"炮弹历时多久才能飞到月球上"这一问题的答案。

从天而降的铁砧

古希腊神话中有一个故事：有一次，冶炼神赫淮斯托斯不慎从天上将一个铁砧掉下来，并于9天后落到了地面。根据这个故事，当时的人们认为，既然铁砧落到地面上需要9天的时间，那么众神肯定住在非常高的地方。因为就算铁砧从当时最高大、最雄伟的金字塔的顶端落到地面，所需的时间也超不过5分钟，所以9天的时间对当时的人们来说完全不可想象。

假如这是真的，那么，古希腊众神的居所和宇宙相比简直微不足道。

我们已知，月球跌落到地球表面需要5天，这略少于故事中的9天，因此可以断定，铁砧所在的位置大于月球到地球的距离。

我们不妨假设铁砧是地球的一颗卫星，就可以用9天乘$\sqrt{32}$，从而，可以得到它绕地运转的周期：$9 \times 5.6 = 51$（天）。根据开普勒第三定律，可得比例式：

$$\frac{（月球围绕地球的周期）^2}{（铁砧围绕地球的周期）^2} = \frac{（月球的距离）^3}{（铁砧的距离）^3}$$

代入数据得：

$$\frac{27.3^2}{51^2} = \frac{380000^3}{（铁砧的距离）^3}$$

因此：

$$铁砧的距离 = \sqrt[3]{\frac{51^2 \times 380000^3}{27.3^2}} = 380000\sqrt[3]{\frac{51^2}{27.3^2}}$$

最后结果为：580000千米。

就是说，古希腊人心中的众神所生活的地方，仅仅和地球相距580000千米，约为月球到地球距离的1.5倍。所以，古人所认为的宇宙的尽头其实是我们宇宙的起点。

太阳系的边界

假如我们把彗星轨道远日点看成太阳系的边界，根据开普勒第三定律，可以将该边界的具体位置计算出来。我们以绕日周期最长的彗星为例，它的绕日周期为776年，而近日点距离为1800000千米，假设其远日点的距离为x，则有：

和地球相比，可得以下比例式：

$$\frac{776^2}{1^2} = \frac{\left[\dfrac{1}{2}(x+1800000)\right]^3}{150000000^3}$$

可得：

$$x+180000 = 2 \times 150000000 \sqrt[3]{ü}{}^2$$

则：

$$x = 25330000000 \text{（千米）}$$

因此，该彗星的远日点距离为25330000000千米，约为日地距离的181倍，是冥王星到太阳距离的4.5倍。

改正凡尔纳小说里的错误

凡尔纳曾在小说中虚构了一颗名叫"哈利亚"的彗星，该彗星绕日公转的周期为两年。此外，他还提到，该彗星的远日点为82000万千米，但对近日点的距离只字未提。根据上一节的数据和开普勒第三定律，我们可以判定，太阳系中绝对不可能有该彗星。

现在，来计算求证一下。假设该彗星的近日点为x百万千米，运行轨道长轴为x+820百万千米，半长轴为（x+820）÷2百万千米。地球到太阳的距离为150百万千米。根据开普勒定律，将其绕日公转周期和距离与地球相比：

$$\frac{2^2}{1^2}=\frac{\left(x+820\right)^3}{2^3\times150^3}$$

可得：

$$x=-343$$

得到的结果为负数，这明显是错的。如果一颗彗星的公转周期仅为两年，那么它和太阳之间的距离绝不会像小说中所说的那么远。

地球的质量可以称量出来吗

如图89所示，天文学家可以"称量"出地球或其他天体的质量，你们肯定会觉得不可思议。现在，我们有必要来了解一下这里所说的"称量"到底是什么意思。

首先要弄清楚，这里所说的"称量"地球到底"称量"的是什么。有人说，是地球的质量，但根据物理学原理，物体的质量是施加在该物体上的压力；换句话说，就是该物体对弹簧秤的拉力。如果把该理论用到地球等天体上，它没有物体支撑，也不可能被挂在任何物体上，所以根本不存在压力或拉力。既然地球没有"质量"，那么，天文学家到底在"称量"什么呢？事实上，这里指的是地球物质的分量。

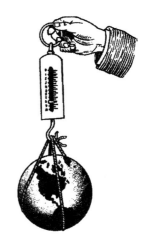

举个简单的例子：你在超市买了1千克白糖，你不会在意这1千克白糖会对秤施加多大的压力或拉力，而是这些糖可以冲出多少糖水。很明显，你在乎的是白糖中物质的分量。众所周知，分量相同的物质质量也相同，而质量与引力成正比，所以，我们可以通过计算地球对这一物质的引力来计算出物质的分量。

图89 天文学家是否可以用秤"称量"出地球的质量？

接下来，回过头来看看地球质量这个问题。我们已知地球物质的分量，就可以推断出，假设地球由一个物体支撑着，对这个物体表面形成的压力到底是多少。很明显，只有先计算出地球物质的分量，才能讨论它的质量。

1871年，乔里提出了一种方法。如图90所示，将两个盘子分别悬挂在一个非常灵敏的天平两端，盘子的质量忽略不计，上下两个盘子的距离为20～25米。将一个质量为m_1的球体放在右下方的盘子里，为了使天平保持平衡，就必须在左上方的盘子里放一个质量为m_2的物体，注意：$m_1 \neq m_2$。这是因为即使两个物体的质量相等，它们在不同的高度受到的地球引力也不同。此时，

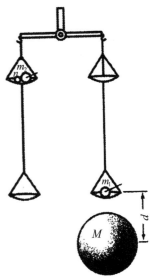

图90 天文学家"称量"地球的方法示意图

我们再在右下方的盘子里放一个质量为M的铅球，天平就会失去平衡。根据万有引力定律，球体m_1会受到铅球M的引力F。而且，引力与它们的质量成正比，与它们距离d的平方成反比，即：

$$F = k\frac{Mm_1}{d^2}$$

其中，k是引力常数。

只有在左上方的盘子里放一个质量为n的小物体，天平才能恢复到初始的平衡状态。此时，物体n对秤的压力正好和自身的质量相等，这等同于地球整体质量吸引这个小重物的引力F'，因此有：

$$F' = k\frac{nM_e}{R^2}$$

其中，F'是地球对物体n的引力，M_e是地球质量，R是地球半径。然而，由于铅球对左上方盘子里的物体影响可以忽略不计，所以

我们可以得到以下等式：

$$F=F' \text{ 或 } \frac{Mm_1}{d^2} = \frac{nM_e}{R^2}$$

在上式中，除地球质量M_e之外，其他数据都可以测量出来。因此，我们可以得出：$M_e=6.15 \times 10^{27}$克，该数据是在实验中得到的。事实上，计算地球质量还有其他方法，其中，比较精确的结果约为5.974×10^{27}克，即大约6×10^{21}吨，该数据的误差小于0.1%。

现在，终于知道天文学家要计算地球质量的原因了。我们用的是"称量"二字，从字面上看似乎不太准确，其实却颇有道理。这是因为，用天平称量物体时，测出的并不是物体的重量，或者说地球对该物体的引力，而是通过使物体的质量与砝码的质量相等，从而测出它的质量。

关于地球的核心

我们常常会在一些科普书籍或文章中看到类似错误的描述：只要测定地球每立方厘米的平均质量（地球比重），再用几何学原理求出地球的体积，用比重乘体积，得到的就是地球的质量。

为什么我们说这种方法不正确呢？因为我们对地球的大部分物质一无所知，所以根本无法计算出地球的真实比重，只能求出最外层较薄地壳的比重。现在，我们仅能探测到矿物深度25千米以内的地壳，通过计算可以求出，这些部分仅为地球全部体积的 $\frac{1}{85}$。

其实，上述计算步骤恰好和正确的算法相反。正确的算法应该是先得到地球的质量，再计算出地球的平均密度。现在已知，地球的平均密度约为5.5克／立方厘米，远大于地壳的平均密度，这表明地球的核心是一些高密度物质。

计算太阳和月球的质量

有一个现象很奇怪，尽管和月球相比，太阳离我们更加遥远，但我们很容易就能计算出太阳的质量，计算月球的质量却十分复杂。

该怎样求出太阳的质量呢？我们已知，质量为1克的物体对于1厘米外另一物体的引力是$\frac{1}{15000000}$毫克。根据万有引力定律，假设这两个物体的质量分别为M和m，距离为D，则它们之间的引力f应为：

$$f = \frac{1}{15000000} \times \frac{Mm}{D^2}$$

假如将上式中的M替换为太阳质量，m替换为地球质量，D替换为日地距离150000000千米，那么太阳与地球之间的引力为：

$$\frac{1}{15000000} \times \frac{Mm}{15000000000000^2} \text{（毫克）}$$

事实上，该引力即地球在绕日轨道运行时的向心力。根据力学公式，我们已知，向心力为$\frac{Mv^2}{D}$（单位：毫克），其中，m为地球质量（单位：克），v为地球公转速度，为30千米／秒（也表示为3000000厘米／秒），D为日地距离。因此有：

$$\frac{1}{15000000} \times \frac{Mm}{D^2} = m \times \frac{3000000^2}{D}$$

解得：

$$M = 2 \times 10^{33} 克 = 2 \times 10^{27}（吨）$$

用该数字除以地球质量可得：

$$\frac{2 \times 10^{27}}{6 \times 10^{21}} = 330000$$

此外，根据开普勒第三定律和万有引力定律，我们可以得出以下公式：

$$\frac{M_s + m_1}{m_1 + m_2} = \frac{T_1^2}{T_2^2} = \frac{a_1^3}{a_2^3}$$

其中，M_s为太阳质量，T为行星的恒星周期（此处恒星周期是指站在太阳上看到的行星绕日一周所用的时间），a为行星到太阳的平均距离，m为行星质量。假如将这一公式运用到地球和月球上，则有：

$$\frac{M_s + M_e}{M_e + m_m} = \frac{T_e^2}{T_m^2} = \frac{a_e^3}{a_m^3}$$

将a_e、a_m、T_e和T_m的值代入上式。为了计算时更方便，我们可以忽略分子中远小于太阳质量的地球质量和分母中比远小于地球质量的月球质量，可以得到一个近似值，即：

$$\frac{M_s}{M_e} \approx 330000$$

已知地球质量，就可以计算出太阳质量，约为地球的330000倍。然后，用太阳的质量除以体积，得到的就是太阳的平均密度，大约为地球的$\frac{1}{4}$。由此可见，很容易就能把太阳的质量计算出来。然而，测定月球的质量并非易事。一位天文学家曾说："尽管月球是和地球相距最近的天体，但要想得到它的质量，甚至比得到最远的海王星更加困难。这是因为在测定月球的质量

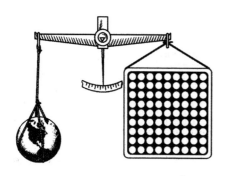

图91　月球的质量为地球的 $\dfrac{1}{81}$

时需要采用非常复杂的方法，比较月球和太阳引起的潮汐高低就是其中之一。

　　该方法的原理如下：潮汐的高度和引起这一现象的天体的质量和距离密切相关。在已知太阳的质量和距离以及月球的距离的前提下，可以通过比较两者高度的办法来推断月球的质量。我们会在后面介绍具体的算法，现在先给出结果：月球的质量大约是地球的 $\dfrac{1}{81}$，如图91所示。

　　我们已知月球的半径，从而可以计算出月球的体积，大约是地球的 $\dfrac{1}{49}$。所以，月球与地球的平均密度之比为：

$$\dfrac{49}{81} \approx 0.6$$

　　由此可见，月球的构成物质和地球比起来更加疏松，但还是比太阳紧密得多。事实上，月球的平均密度要大于很多行星。

行星的质量和密度是如何计算出来的

只要是有卫星的行星，我们都可以"称量"出它的质量。只要给出卫星绕行星运动的速度v和它们之间的距离D，就可以用向心力$\dfrac{mv^2}{D}$等于行星与卫星之间的引力$\dfrac{kmM}{D^2}$这一关系来求得结果，即：

$$\frac{mv^2}{D} = \frac{kmM}{D^2}$$

可得：

$$M = \frac{Dv^2}{k}$$

其中，k代表的是质量为1克的物体对1厘米以外其他1克物体的引力，m为卫星的质量，M则为行星的质量。

这样，我们很容易就能计算出行星的质量M。

这里也能利用开普勒第三定律来进行计算：

$$\frac{M_S + (M_{行星})}{M_{行星} + (m_{卫星})} = \frac{T^2_{行星}}{T^2_{卫星}} = \frac{a^3_{行星}}{a^3_{卫星}}$$

忽略括号里的一些数据，就可以得出太阳与这颗行星质量的比值$\dfrac{M_S}{M_{行星}}$。其中，已知太阳质量，可以求出行星的质量。

假如是双星，该方法同样适用，但最后得到的质量是双星的质量之和，而非单星的质量。如果换成没有卫星的行星，计算起来复杂得多，质量计算类似于卫星的质量计算。

比如，我们要计算水星和金星的质量，只能借助它们对地球的作用，或对部分彗星的干扰作用，或它们之间的相互作用来计算。

小行星的质量一般都很小，它们之间几乎不会相互干扰。因此，我们在测定小行星的质量时觉得难以着手，只能测定这些小行星的质量之和，而且只是一个不确定值。

如果已知行星的质量与体积，我们很容易就能计算出平均密度。下表中展示的是一些行星的相应数据（地球密度=1）。

行星	密度	行星	密度
水星	5.43	木星	0.24
金星	0.92	土星	0.13
地球	1	天王星	0.23
火星	0.74	海王星	0.22

由该表可知，除水星之外，地球的密度是太阳系中众行星中最大的。为什么那些大行星的平均密度反而更小呢？原因相当复杂，最可能的一点是：一层质量很轻的大气将它们坚硬的核紧紧地包裹在内，正是这些质量很轻的大气，在行星的体积增大方面起到了巨大的作用。

月球与行星上的重力变化

有的读者或许会问这样一个问题：我们从来没有生活在月球和其他行星上，怎样才能知道它们上面到底有没有重力呢？其实，原理非常简单，只要知道某一天体的半径和质量，计算出物体在该天体上受到的重力就是小菜一碟。

仍以月球为例。如上所述，月球质量是地球质量的 $\frac{1}{81}$。根据牛顿定律，在讨论万有引力时，我们往往断定球体的质量集中在球心。对于地球来说，地球中心与地表之间的距离就是地球的半径，月球同样如此，月球半径为地球半径的 $\frac{27}{100}$，因此，月球上的引力（物体受到的重力）等于地球上的：

$$\frac{100^2}{27^2 \times 81} \approx \frac{1}{6}$$

也就是说，假设一个物体在地球上的质量为1千克，那么它在月球上的质量就是 $\frac{1}{6}$ 千克。不过，这个变化非常小，我们只能在弹簧秤的帮助下才能测量出来。

这里还有一个很有意思的现象，如果月球上有水，在月球上游泳时，会产生和地球上一样的感觉，这是怎么回事呢？人的体重在月球上会变成原来的 $\frac{1}{6}$，游泳时会排开一部分水，这些水的质量也会变成原来的 $\frac{1}{6}$，所以在月球上潜水和在地球上一样非常困难。但如果浮到水面上，在月球上就会觉得舒服得多，因为我们的体重减少了，毫不费力地就可以漂起来。

下表中展示的是同一物体在地球与其他行星上受到的重力大小（地球重力=1）。

根据该表可知，物体在地球上的质量排在第四位，前三位依次是在木星、海王星和土星上，如图92所示。

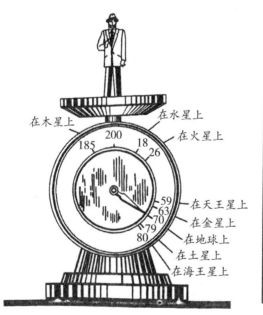

行星	重力
水星	0.26
金星	0.90
地球	1
火星	0.37
木星	2.64
土星	1.13
天王星	0.84
海王星	1.14

图92　同一个人在不同行星上的质量各不相同，在水星上最轻，在木星上最重

意想不到的天体表面重力

在第四章，我们介绍了矮星型天狼B星的一些特点：它的半径非常小，质量却非常大，表面的重力作用也非常大。除了这颗白矮星之外，还有一颗仙后座白矮星，质量大约为太阳的2.8倍，半径却仅为地球的一半，可以得出：这颗星表面上的重力是地球上的$2.8 \times 330000 \times 2^2 = 3700000$（倍）。

1立方厘米水在地球上重1克，但如果是在这颗星球上，质量会变成3.7吨，是不是很神奇？构成这颗星的物质也具有非常大的平均密度，差不多是水的36000000倍，这意味着，1立方厘米的这种物质，在这颗星球表面上的质量为：

$$3700000 \times 36000000 = 133200000000000（克）$$

这远远超出了我们想象的范围。

行星深处的重力变化

假设我们可以将一个物体放在一颗行星的核心位置，会对该物体的质量产生什么影响呢？

有的读者或许会脱口而出：肯定会变重，因为该物体和行星的中心离得更近了。这个答案当然是错误的。真实情况截然相反，物体所受到的引力并不会因为与行星内部更近而变大，反而会变小。现在，我们就来具体地分析一下。

力学定理与相关计算可以证明，如果把一个物体放在均匀的空心球里，它受到的引力为0，如图93所示。同理，假设我们以该物体到实心球中心的距

图93 把一个物体放在一个均匀的空心球里，它受到的空心球的引力为0

图94 放入实心球内部的物体所受到的引力，取决于图中阴影部分的物质

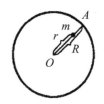

图95 物体的质量会因为它与行星中心的距离的变化而发生变化

离为半径、以实心球的中心为球心画一个球体，那么，该物体所受到的引力仅仅与所画出球体中的物质有关，如图94所示。

根据上述，我们可以得出一条规律：物体的质量会因为它与行星中心之间的距离而发生变化。假设行星的半径为R，物体与行星中心之间的距离为r，如图95所示，此时，物体会受到两个方面的引力：一方面由于距离缩短导致引力变大，会增加为原来的$\left(\dfrac{R}{r}\right)^2$倍；另一方面由于发挥作用的物质变少导致引力变小，将变成原来的$\dfrac{1}{\left(\dfrac{R}{r}\right)^3}$。这意味着，物体受到的总引力为：

$$\left(\frac{R}{r}\right)^2 \div \left(\frac{R}{r}\right)^3 = \frac{r}{R}$$

由该公式可知，物体在行星内部的质量与其在行星表面的质量之比，和物体到行星中心的距离与行星半径之比相等。假设这颗行星和地球相似，半径都是6400千米，则在它内部3200千米的地方，质量会变成原来的一半，而在行星内部5600千米处，质量会变成原来的—。

此外，我们还可以得出这样的结论：物体的质量在行星中心会变成0，原因是：

$$(6400-6400) \div 6400 = 0$$

实际上，要推理出这一点并不难。物体在行星内部时会同时受到来自四面八方的引力作用，这些引力相互抵消，最终使物体的质量变成0。

但要说明的一点是，上述推理仅适用于密度均匀的行星。密度均匀只是一种理想状态，所以对现实中的行星来说，该推理必须要进行修正。以地球为例，它深处的密度比地表的密度大得多，所以，物体受到的引力随距离变化的规律和前面讲到的规律不太一样。假如物体在浅层地表，它受到的引力会随着深度的增加而变大，但在地球深处，该引力又会慢慢变小。

轮船质量的变化

【问题】同一艘轮船，在有月亮的夜晚和无月亮的夜晚，什么时候更轻呢？

【解答】有的读者或许会认为，在有月亮的夜晚，轮船会在月球引力的作用下变轻。事实上，这个问题比我们想象的复杂得多：轮船受到月球引力作用的同时，地球也会受到相同的引力作用。就月球引力的作用而言，地球上所有物体的运动速度和加速度都是一样的。所以，在这一方面，我们根本没办法确定轮船有没有变轻。不过，有人通过实际测量发现，在有月亮的夜晚，轮船确实会轻一些。这是怎么回事呢？

图96中，点O是地心，A和B都是轮船，A和B连线经过点O，这说明它们正好位于地球直径的两端，r为地球半径，D为从月球中心L到地球中心O的距离。M为月球质量，m为轮船质量。为了使计算更简单，我们假设A和B与月球位于同一条直线上，即月球正好在A处的天顶和B处的天底。所以，月球对A的引力（即有月亮的夜晚轮船受到的月球引力）为：

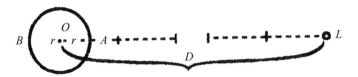

图96 月球引力和对地球上两艘轮船（分
别位于地球直径的两端）作用的示意图

$$\frac{kMm}{(D-r)^2}$$

其中，$K=\dfrac{1}{15000000}$ 毫克。

月球对B的引力（即无月亮的夜晚轮船受到的引力）为：

$$\frac{kMm}{(D+r)^2}$$

两者之差可以通过两式相减，即为：

$$kMm \times \frac{4r}{D^3\left[1-\left(\dfrac{r}{D}\right)^2\right]^2}$$

由于 $\left(\dfrac{r}{D}\right)^2 = \left(\dfrac{1}{60}\right)^2$ 很小，可以忽略不计，因此，上式变为：

$$kMm \times \frac{4r}{D^3}$$

进一步可得：

$$\frac{kMm}{D^2} \times \frac{4r}{D} = \frac{kMm}{D^2} \times \frac{1}{15}$$

很明显，$\dfrac{kMm}{D^2}$ 就是轮船与月球中心的距离为D时受到的月球引力。

又因为质量为m的轮船在月球表面的质量应为 $\dfrac{m}{6}$，所以，在距离地球D

处，其质量为 $\dfrac{m}{6D^2}$ 。而 D=220 个月球半径，从而有：

$$\frac{kMm}{D^2} = \frac{m}{6 \times 220^2} \approx \frac{m}{300000}$$

引力差为：

$$\frac{kMm}{D^2} \times \frac{1}{15} \approx \frac{m}{300000} \times \frac{1}{15} = \frac{m}{4500000}$$

假设该轮船的质量为45000吨，则在有月亮和无月亮的夜晚，其质量差为：

$$\frac{45000000}{4500000} = 10\text{（千克）}$$

总而言之，轮船的质量在有月亮的夜晚的确比没有月亮时轻一些，不过这个差别小到完全可以忽略不计。

月球、太阳及潮汐

如前所述，地球上的潮汐与太阳和月球的引力有关，但事情的复杂程度远远超出我们的想象。大家都知道，月球在吸引地面物体的同时，也会以相同的引力吸引地球。与地心相比，地球朝向月球一侧的水与月球之间的距离更近。在上一节中，我们得出了轮船所受的引力之差，同理，也可以将地面上的水所受的引力之差计算出来。这意味着，在朝向月球的一侧，每千克水受到的月球引力是每千克地心构成物质的 $\dfrac{\ddot{u}}{}$ 倍，而在背向月球的一侧，每千克水受到的引力为每千克地心构成物质的 $\dfrac{1}{\dfrac{2kMr}{D^2}}$ 倍。

在引力差距的作用下，这两处的水发生了移动，前者水向月球移动的距离大于地球固体部分向月球移动的距离，后者情况则正好相反。

那么，太阳引力也会对地球表面的水产生影响吗？没错。

但是，太阳的引力和月球的引力，到底哪个更大呢？如果是绝对引力之间的对比，当然是太阳。这是因为太阳的质量是地球的330000倍，月球的质量则仅是地球的 $\dfrac{1}{81}$。这表明，太阳的质量是月球的330000×81（倍），地球与太阳之间的距离约为地球半径的23400倍，地球与月球之间的距离则仅仅只是地球半径的60倍。所以，我们可以得出地球受到的太阳引力与其所受到的月球引力之比：

$$\frac{330000 \times 81}{23400^2} \div \frac{1}{60^2} \approx \ddot{u}$$

由此可知，地球上的物体所受到的太阳引力比其所受到的月球引力大得多，前者是后者的170倍。人们想当然地认为，太阳引起的潮汐肯定比月球引起的潮汐大。实际上，情况正好相反，太阳引起的潮汐比月球引起的潮汐低得多。对于这一点，我们可以用公式 $\dfrac{2kMr}{D^3}$ 得出。假设太阳的质量为 M_s，月球的质量为 M_m，太阳与地球相距 D_s，月球与地球相距 D_m，那么，太阳和月球对于潮汐的吸引力之比应为：

$$\frac{2kM_s r}{D_s^3} \div \frac{2kM_m r}{D_m^3} = \frac{M_s}{M_m} \times \frac{D_m^3}{D_s^3}$$

如前所述，太阳的质量是月球质量的330000×81（倍），已知日地距离为月地距离的400倍，因此：

$$\frac{M_s}{M_m} \times \frac{D_m^3}{D_s^3} = 330000 \times 81 \times \frac{1}{400^3} \approx 0.42$$

这意味着，日潮的高度仅为月潮的$\frac{2}{5}$。借助太阳和月亮引起的潮汐高度，我们可以得出月球的质量，但这个结果并不准确。需要注意的一点是，这两种潮汐的高度无法同时比较，这是因为地球同时受到太阳和月球的引力，而且我们也无法分开观测到这两种潮汐。但我们可以分别测量两者作用相互叠加和相互抵消时的潮汐，得到的就是潮水的高度。在太阳、月球和地球位于同一条直线上时，其作用相互叠加，而在日地连线垂直于地月连线时，其作用又相互抵消。测量结果显示，后者与前者之比约等于0.42。假设月球对潮水的引力为x，太阳对潮水的引力为y，则：

$$\frac{x+y}{x-y} = \frac{100}{42}$$

可得：

$$\frac{x}{y} = \frac{71}{29}$$

根据前述公式可得：

$$\frac{M_s}{M_m} \times \frac{D_m^3}{D_s^3} = \frac{29}{71}$$

即

$$\frac{M_s}{M_m} \times \frac{1}{64000000} = \frac{29}{71}$$

带入太阳的质量$M_s = 330000 M_e$，其中，M_e为地球质量，则有：

$$\frac{M_e}{M_m} = 80$$

从该式我们还可求得，月球质量为地球的 $\frac{1}{80}$。不过，该数值并不精确，科学家们用其他更精确的方法得出了这样的结果：月球的质量是地球质量的 1.23%。

月球会对大气产生影响吗

　　大家是否思考过一个问题：既然月球引力作用于地表上的水可以形成潮汐，这是否意味着月球的引力也会影响地球上空的大气，进而对气候产生影响呢？事实确实如此，后者就是我们常说的大气潮汐。俄国科学家罗蒙诺索夫最早发现了这一现象，并给它取了个名字，叫"空气的波"。很多研究家曾专门研究过这个问题，却存在较大的分歧。很多人认为，大气的质量非常轻，流动性非常强，月球引力一定会对大气产生非常明显的作用：这种"空气的波"不仅具有改变大气压力的神奇力量，还会在改变地球上的气候方面起到决定性的作用。

　　事实上，以上观点是不对的。从理论上来说，大气潮汐绝对比水潮汐弱得多。既然如此，对于底层空气来说，最大密度仅为水的$\dfrac{1}{1000}$，那么，空气潮汐高度为什么不是水潮汐的1000倍呢？这一问题令人匪夷所思，就像质量不同的物体在真空中具有相同的下落速度一样。比如，在真空玻璃管中，一个小铅球和一根羽毛同时落下，它们的下落速度一模一样。这里所谓的潮汐，也可以如此理解：在真空宇宙空间里，地球及其表面的水在月球或太阳的引力作用下坠落。所以，它们下坠的速度是一样的，与质量无关，而且在万有引力的作用下，位移也相同。

现在，你应该知道，大气潮汐的高度与大洋潮汐是一样的。其实，细心的读者或许早就发现，公式中只提到了月球和地球的质量、地球半径和地月距离，却丝毫未提及水密度或深度的变量。所以，假如将该公式用在大气上，会得到一样的结果：潮汐高度相同。事实上，大洋潮汐的高度较小，从理论上来说，这一高度低于0.5米。只有在一些靠近陆地的地方，在地形阻力的影响下，潮水的高度才可能大于10米。现在，人们不仅可以根据太阳和月球的位置来判定潮水的高度，还发明了有关预测装置。

然而，在大气潮汐中，0.5米的理论高度不会受到任何因素的影响。这么小的高度对气压产生的影响，我们完全可以忽略不计。

针对该问题，法国科学家拉普拉斯进行了研究，并且证实，大气潮汐对气压造成的影响非常小，低于0.6毫米汞柱，所引起的风速则绝不会超过7.5厘米／秒。

由此可见，大气潮汐不会对气候变化产生根本性的变化，那些所谓的根据月亮位置来预测气候的说法，根本没有理论依据。